全国职业院校技能大赛
中职服装设计制作竞赛推荐教材

服装新原型CAD 工业制板

陈桂林　编著

中国纺织出版社

内 容 提 要

本书依托第八代文化式女上装原型和富怡服装CAD软件V8版本为基础,全面系统地介绍了新原型的结构设计原理。主要内容包括原型法制板技术原理、上装CAD制板、下装CAD制板、放码与排料等,重点分析了女装工业制板中的结构造型特点与设计技巧。结构处理方法采用图文并茂的方式,按步骤进行讲解;再结合新原型制板的特点,以具体的操作步骤指导读者进行原型法工业制板。本书针对服装CAD工业制板特点按步骤进行编写,全书涵盖了服装CAD工业制板、放码、排料三个主要环节的全部内容。该书作为全国职业院校技能大赛中职服装设计制作竞赛的推荐教材,针对备赛选手特别讲述了技能模块化训练和心理素质训练。

本书可作为大中专服装院校师生、短期培训学员学习教材,同时可作为服装企业提高从业人员技术技能的培训教材,对广大服装爱好者也有参考价值。

图书在版编目(CIP)数据

服装新原型 CAD 工业制板 / 陈桂林编著 .—北京:中国纺织出版社,2013.2(2023.1重印)

全国职业院校技能大赛中职服装设计制作竞赛推荐教材

ISBN 978-7-5064-9565-3

Ⅰ.①服⋯ Ⅱ.①陈⋯ Ⅲ.①服装设计—计算机辅助设计—AutoCAD 软件—中等专业学校—教材 Ⅳ.① TS941.26

中国版本图书馆 CIP 数据核字(2013)第 012305 号

策划编辑:宗 静 华长印 责任编辑:宗 静 特约编辑:付 俊
责任校对:梁 颖 责任设计:何 建 责任印制:何 艳

中国纺织出版社出版发行

地址:北京朝阳区百子湾东里A470号楼 邮政编码:100124

销售电话:010 — 67004422 传真:010 — 87155801

http://www.c-textilep.com

E-mail:faxing@c-textilep.com

官方微博http://weibo.com/2119887771

三河市宏盛印务有限公司印刷 各地新华书店经销

2013年2月第1版 2023年1月第9次印刷

开本:787×1092 1/16 印张:18.75

字数:297千字 定价:39.80元(附赠富怡V8学习版网络资源)

序1

　　服装CAD技术不仅可以改善服装企业的生产环境，还可以提高生产效率，从而提高企业的竞争实力，增加经济效益。服装CAD制板不但可以拓展设计师的思路，降低制板师的劳动强度，提高裁剪的准确性，还可以随时调用修改，充分体现了服装生产的技术价值。所以服装CAD制板在服装工业的运用已经是不可改变的趋势，而尽早学习掌握服装CAD技术已是服装行业的共识。

　　近日，陈桂林老师送来他的《服装新原型CAD工业制板》书稿，请我提意见并代为作序。因为现在市面上类似的书籍种类非常之多而内容大同小异，所以一开始我并没有急于下笔。

　　我细读《服装新原型CAD工业制板》一书，发现确实与同类书籍有很多不同之处，归纳起来有以下三点。

　　1.体现了新的课程理念

　　在"工作过程导向"课程模式指导下，本书以工作过程为导向，确定专业技能定位，并以实际案例操作为主要特征的学习情境，行动领域—学习领域—学习情境构成了该书的内容体系。

　　2.坚持了"工学结合"的教学原则

　　在教材的编写过程中，作者力求做到在教材的编写内容上体现"工学结合"。教材的内容力求取之于工，用之于学，既吸纳本专业领域的最新科技成果，又能反映工业服装CAD制板的特点。理论联系实际，深入浅出，系统全面地论述了富怡V8服装CAD的概念和使用方法，并以大量的实例介绍了工业纸样的应用原理、方法与技巧。

　　3.教材内容简明实用

　　教材内容精练，与企业的工业化服装CAD制板紧密联系，以便读者能够更好地掌握工业服装CAD制板操作技能。本书遵循企业工业化服装CAD制板顺序以图文并茂的形式进行叙述，体现了简明、实用的特点。

　　《服装新原型CAD工业制板》一书，是一本理论兼顾实操的教材，它填补了服装CAD教材中缺乏实操的空白。希望本书的出版，能够为服装院校更好地深化教育教学改革提供帮助和参考，对于推动服装教育紧跟产业发展步伐、满足企业用人需求、创新人才培养模式、提高人才培养质量也具有积极的意义。

全国职业院校技能大赛

中职服装设计制作竞赛裁判长

2013年2月于长沙

序2

富怡公司历经二十多年的风雨历程，目前在纺织服装工业等领域拥有自主知识产权4大类，22个系列，77个产品品种，拥有19项核心技术。富怡CAD软件共有十多种语言版本，畅销欧美、东南亚等二十多个国家和地区。目前，富怡CAD专业软件在全球拥有一万多家用户。自2008年起，富怡CAD软件成为全国职业院校技能大赛中职组服装设计制作竞赛教育部的唯一指定合作伙伴。2010年起，富怡冠名全国职业院校技能大赛中职组服装设计制作竞赛，富怡已经从比赛的技术支持者，逐步成为这项重要全国赛事的独家合作伙伴。富怡在教育领域的发展已经逐步从一家软件设备的供应商演变为一家具有丰富赛事解决方案的专业性公司。

2011年4月1日，在富怡集团盈瑞恒公司成立十周年时，富怡V8版本正式发布。为了促进全国中职服装技能竞赛和支持服装教育事业，同时，又要避免教材与企业操作脱节，公司特别邀请了国家级服装裁判陈桂林老师编写《服装新原型CAD工业制板》一书。陈桂林老师有着丰富的企业实践经验和教学心得，长期从事服装板型技术研究，同时也兼职多家服装高校服装教学工作，其丰富的教学和实践经验为教材的质量提供了保障。

原型法是通行的服装平面结构设计的技法，具有易于学习掌握、方便设计变化等诸多优点。原型法提供了以形象思维为主的方式进行制板的基础，原型作为体型覆盖面很大的人体模板，为设计者解除了合体问题的后顾之忧，极大地减少了计算、绘制基础线的重复劳动，在其之外的设计线条大多数都可以按照类似绘画线条的方式处理，极大地丰富了服装造型款式设计的技术平台。

鉴于原型制板的特点，全国职业院校技能大赛中职组服装设计制作竞赛项目规定用第八代文化式原型为制板方法，为了解决中职学校这类教材的需求，陈桂林老师结合多年丰富的企业实践经验和教学心得，编写《服装新原型CAD工业制板》一书。

特别是陈桂林老师为了使教材中的工业制板内容更准确，在编写每款服装时，全部采用富怡工业版软件制板打印，全部经过成衣验证效果后才写进教材中去。

本书的图形全部按 1:1 纸样截图后，再用 CorelDRAW 软件勾图处理。保证了图形不会变形，本书所有裁剪图按比例放大便可直接用于裁剪生产。

《服装新原型 CAD 工业制板》针对竞赛项目专门讲述了项目模块化教学、选手技能模块化训练、选手心理素质训练，为各中职学校备赛训练提供了指导式的实施方案。本书适合大中专服装院校师生、短期培训学员学习教材，也可作为全国职业院校技能大赛中职服装设计制作竞赛的参考教材，同时可作为服装企业提高从业人员技术技能的培训教材，对广大服装爱好者也有参考价值。

富怡集团董事长　李晋宁
2013年2月于天津

前言

　　2011年12月16日，我有幸受邀参加在青岛举办的全国职业院校技能大赛中职组服装设计制作竞赛总结会暨服装专业教学课程改革研讨会。会议围绕历年服装竞赛的设计思路和技能集训备战进行了总结分析，技能大赛对课程改革进行了整体构思与设想，对中职院校服装专业毕业生就业导向等热点话题进行了研讨。我编写的《女装CAD工业制板基础篇》、《女装CAD工业制板实战篇》两本书也在会议期间首次发行。当时很多中职的教师问："有没有用第八代文化式原型为基础编写出版服装CAD教材？学校急需要这类教材呀！"在接下来的时间里，我不断接到类似的咨询电话。2012年元月中国纺织出版社向我约稿，让我依第八代文化式原型为基础编写出版服装CAD教材。

　　全国职业院校技能大赛中职组服装设计制作竞赛是采用第八代文化原型制板方法进行比赛的。为了使读者更了解第八代原型，本书将第八代文化原型利用服装CAD软件进行了详细操作讲解。

　　本书采用全国职业院校技能大赛中职组服装设计制作竞赛指定软件——富怡服装CAD软件作为实操讲解，所有纸样均采用工业化1:1绘制，然后按等比例缩小，保证了所有图形清晰且不会失真。同时，本书根据服装纸样设计的规律和服装纸样放缩的要求，抛开了纸样设计方法上的差异，结合现代服装纸样设计原理与方法，总结了一整套纸样独特打板方法。此方法突破了传统方法的局限性，能够很好地适应各种服装款式的变化和不同号型标准的纸样放缩，具有原理性强、适用性广、科学准确、易于学习掌握的特点，便于在生产实际中应用。

　　本书的编写紧紧围绕"学以致用"的宗旨，尽可能地使教材编写得通俗易懂，便于自学。同时，本书还专门配有网络资源，可免费下载富怡V8服装CAD教学学习软件。本书不仅是全国职业院校技能大赛中职组服装设计制作竞赛推荐教材,同时也可作服装院校的教材及社会培训机构、服装企业技术人员、服装爱好者、初学者的学习参考书。

　　本书在编写过程中得到了富怡集团董事长李晋宁先生、湖南师范大学欧阳心力教授和胡忱副教授、西南大学纺织服装学院张春娥老师、富怡公司于飞、高雪源、梁德喜、童丽姣及袁小芳等朋友的热心支持，在此一并致谢！

由于编写时间仓促，本书难免有不足之处。敬请广大读者和同行批评赐教，提出宝贵意见。

2013年2月于深圳

目录

第一章　服装CAD概述 ··· **1**

第一节　认识服装CAD··· 1

第二节　富怡V8服装CAD系统的特点与专业术语 ····· 6

第三节　富怡V8服装CAD系统的安装 ························ 7

第二章　富怡V8服装CAD系统功能介绍 ·················· **10**

第一节　设计与放码系统功能介绍 ··························· 10

第二节　排料系统功能介绍 ····································· 26

第三节　常用工具操作方法介绍 ······························ 43

第三章　原型法制板技术介绍 ····························· **67**

第一节　第八代文化式女上装原型 ··························· 67

第二节　服装CAD转省应用······································ 82

第四章　上装CAD制板 ··· **87**

第一节　短袖衬衫 ··· 87

第二节　连衣裙 ·· 100

第三节　登驳领西装 ·· 108

第四节　时装外套 ··· 120

第五节　时装大衣 ··· 131

第六节　前圆后插大衣 ··· 141

第七节　披风 ·· 150

第五章　下装CAD制板 ··· **157**

第一节　褶裙 ·· 157

第二节　育克褶裙 ··· 173

第三节　浪节裙 ·· 178

第四节　休闲裤 ·· 184

第五节　七分裤 ·· 208

第六节　短裤 ··· 216

第六章　放码与排料 ·· **220**
第一节　褶裙放码与排料 ··· 220
第二节　休闲裤放码与排料 ··· 233
第三节　短袖衬衫放码与排料 ··· 252

第七章　备赛指导 ·· **267**
第一节　项目模块化教学 ··· 267
第二节　选手技能模块化训练 ··· 273
第三节　选手心理素质训练 ··· 278

附录1　富怡服装CAD软件V8版本快捷键简介 ················· **281**
附录2　富怡服装CAD软件V8增加功能及与V8操作快捷对照表 ··· **284**
附录3　富怡服装CAD系统键盘快捷介绍 ······················ **286**

后记 ··· **287**

第一章　服装 CAD 概述

CAD 即计算机辅助设计（Computer-Aided Design）。对于服装产业来说，服装 CAD 的应用已经成为历史性变革的标志。

服装 CAD 是利用人机交互的手段，充分利用计算机的图形学、数据库，是计算机的高新技术与设计师的完美构思、创新能力、经验知识的完美组合，服装 CAD 的使用降低了生产成本，减少了工作负荷，提高了设计质量，大大缩短了服装从设计到投产的过程。

第一节　认识服装 CAD

近年来，国际服装行业的发展趋势明显呈现出服装流行的周期缩短、款式个性化及多样化进一步加强。表现在服装生产企业的特点是：服装生产多品种、少批量。由于款式的增多，给生产企业带来较大的纸样设计，特别是规格放缩（即放码）的工作压力，纸样设计及其相关工作也成为生产的瓶颈。

基于现代化的计算信息技术的发展，美国在 20 世纪 80 年代就曾经提出过敏捷制造策略 DAMA（Demand Activated Manufacturing Architecture）。使用这一策略，使美国、德国、日本等发达国家都实现了不同程度的生产效率的提高。

服装 CAD 作为计算信息技术的一个方面，在服装生产及信息化发展过程中起着不可替代的作用，成为服装企业必备的重要工具。目前，我国 50% 左右的服装企业都引进了服装 CAD 系统。服装 CAD 系统是计算机技术与纺织服装工业结合的产物，它是设计、生产、管理、市场等各个领域的现代化的高科技工具。

随着计算机技术的发展及人民生活水平的提高，消费者对服装品位的追求发生了显著的变化，促使服装生产向着小批量、多品种、高质量、短周期的方向发展。这就要求服装企业必须使用现代化的高科技手段，加快产品的开发速度，提高快速反应的能力。服装 CAD 技术是计算机技术与服装工业结合的产物，它是企业提高工作效率、增强创新能力和市场竞争力的有效工具。目前，服装 CAD 系统的应用日益普及。

CAD ／ CAM 是计算机辅助设计（Computer-Aided Design）和计算机辅助生产（Computer-Aided Manufacture）这两个概念的缩略形式。服装 CAD 一般用于设计阶段，辅助产品的创作过程；而服装 CAM 则用于生产过程，用于控制生产设备或生产系统，如制板、放码、排料和裁剪。服装 CAD ／ CAM 系统有助于增强设计与生产之间的联系，有助于服装生产企业对市场的需求做出快速反应。同时，服装 CAD 系统也使得生产工艺变得十分灵活，从而使企业的生产效率、对市场敏感性及在市场中的地位得到显著提高。如果服装企业能够充分利用计算机技术，必将会在市场竞争中处于有利地位，并能取得显著的效益。

服装 CAD 系统主要包括两大模块，即服装设计模块和辅助生产模块。其中设计模块又可分为面料设计（机织面料设计、针织面料设计、印花图案设计等）、服装设计（服装效果图设计、服装结构图设计、立体贴图、三维设计与款式设计等）；辅助生产模块可分为面料生产（控制纺织生产设备的 CAD 系统）、服装生产（服装制板、推板、排料、裁剪等）。

一、计算机辅助设计系统

所有从事面料设计与开发的人员都可借助服装 CAD 系统，进行高效快速的效果图展示及色彩的搭配和组合。设计师不仅可以借助 CAD 系统充分发挥自己的创造才能，同时还可借助 CAD 系统做一些费时的重复性工作。面料设计 CAD 系统具有强大而丰富的功能，设计师利用它可以创作出从抽象到写实效果的各种类型的图案，并配以富于想象力的处理手法。

服装设计师使用服装 CAD 系统，借助其立体贴图功能，完成服装色彩修改及面料修改之类的工作。这一功能可用于表现同一款式、不同面料的服装外观效果。服装企业经常要以各种颜色的组合来表现设计作品，在对原始图案进行变化时要进行许多重复性的工作，借助 CAD 的立体贴图功能，二维的各种织物图像就可以在服装上展示出来，节省了大量的时间。此外，许多 CAD 系统还可以将织物变形后覆于照片中的模特儿身上，以展示成品服装的穿着效果。服装企业通常可以在样品生产出来之前，采用这一方法向客户展示设计作品。

二、计算机辅助生产系统

在服装生产方面，CAD 系统应用于服装的制板、推板和排料等领域。在制板方面，服装制板师借助 CAD 系统完成一些比较耗时的工作，如板型拼接、褶裥设计、省道转移、褶裥变化等。同时，许多 CAD/CAM 系统还可以使用户测量缝合部位的尺寸，从而检验两片样片是否可以正确地缝合在一起。生产厂家通常用绘图机将纸样打印出来，该纸样可以用来指导裁剪。如果排料符合用户要求的话，接下来便可指导批量服装的裁剪了。CAD 系统还可根据放码规则进行放码。放码规则通常由一个尺寸表来定义，并存贮在放码规则库中。利用 CAD/CAM 系统进行放码和排料，所需要的时间是手工完成所需时间的很小一部分，极大地提高了服装企业的生产效率。

三、服装 CAD 制板工艺流程

服装制板师的工作是将二维平面裁剪的面料包覆在三维的人体上。目前世界上主要有两类板型设计方法：一是在平面上进行打板和板型变化，以形成三维立体的服装造型；二是将织物披挂在人体模型上进行立体裁剪。许多顶级的时装设计师常用第二种方法，即直接将面料披挂在人体模型上，用大头针固定，按照自己的设计构思进行裁剪和塑型。对他们来说，板型是随着他们的设计思想而变化的。将面料从人体模型上取下，并在纸上绘出来就可得到最终的服装样板。以上两类板型设计方法都会给服装CAD的程序设计人员一定的指导。

国际上第一套应用于服装领域的CAD/CAM系统主要用来放码和排料，几乎系统的所有功能都是用于平面板型的，所以它是工作在二维系统上的。当然，也有人试图设计以三维方式工作的系统，但现在还不够成熟，不足以指导设计与生产。三维服装板型设计系统的开发时间会很长，三维方式打板也会相当复杂。

1. 纸样输入（开样或读图）

服装纸样的输入方式主要有两种：一是利用制板软件直接在屏幕上制板；二是借助数字化仪将纸样输入到CAD系统。第二种方法十分简单：首先将纸样放在读图板上，利用游标将纸样的关键点读入计算机，通过按游标上的特定按钮，通知系统输入的点是直线点、曲线点还是剪口点。通过这一过程输入纸样并标明纸样上的布纹方向和其他一些相关信息。有一些服装CAD系统并不要求这种严格定义的纸样输入方法，用户可以使用光笔而不是游标，利用普通的绘图工具（如直尺，曲线板等）在一张白纸上绘制板型，数字化仪读取笔的移动信息，将其转换为纸样信息，并且在屏幕上显示出来。目前，一些CAD系统还提供有自动制板功能，用户只需输入板型的有关数据，系统就会根据制板规则产生所要的纸样。这些制板规则可以由服装企业自己建立，但它们需要具有一定的计算机程序设计技术才能使用这些规则和要领。

一套完整的服装板型输入CAD系统后，还可以随时使用这些板型，所有系统几乎都能够完成板型变化的功能，如纸样的加长或缩短、分割、合并、添加褶裥、省道转移等。

2. 放码（推板）

计算机放码的最大特点是速度快、精确度高。手工放码由于要进行移点、描板、检查等步骤，需要娴熟的技艺，缝接部位的合理配合对成品服装的外观起着决定性的作用，这是因为即使是曲线形状的细小变化也会给造型带来不良的影响。虽然CAD/CAM系统不能发现造型方面的问题，但它却可以在瞬间完成网状样片，并提供有检查缝合部位长度及进行修改的工具。

用户在基础板上标出放码点，计算机系统则会根据每个放码点各自的放码规则生产全部号型的纸样，并根据基础板的形状绘出网状样片。用户可以对每一号型的纸样进行尺寸检查，放码规则也可以反复修改，以使服装穿着更加合体。

3. 排料（排唛架）

服装CAD排料的方法一般采用人机交换排料和计算机自动排料两种方法。排料对任何一家服装企业来说都是非常重要的，因为它关系到生产成本的高低。只有在排料完成后，才能开始裁剪、加工服装。在排料过程中有一个问题值得考虑，即可以用于排料的时间与可以接受的排料率之间的关系。使用CAD系统的最大好处就是可以随时监测面料的用量，用户还可以在屏幕上看到所排衣片的全部信息，再也不必在纸上以手工方式描出所有的纸样，仅此一项就可以节省大量的时间。许多CAD系统都提供自动排料功能，这使得设计师可以很快估算出一件服装的面料用量，面料用量是服装加工初期成本的一部分。根据面料的用量，在对服装外观影响最小的前提下，服装设计师经常会对服装板型做适当的修改和调整，以降低面料的用量。裙子就是一个很好的例子，三片裙在排料方面就比两片裙更加紧凑，从而可提高面料的使用率。

无论企业是否拥有自动裁床，排料过程都需要技术和经验。我们可以尝试多次自动排料，但排料结果绝不会超过一位排料专家。计算机系统成功的关键在于它可以使用户尝试样片各种不同的排列方式，并记录下各阶段的排料结果，通过多次尝试就可以很快得出可以接受的材料利用率。因为这一过程通常在一台终端机上就可以完成，与纯手工相比，它占用的工作空间很小，需要的时间也很短。

四、服装 CAD 的作用

1. 对服装企业的作用

服装 CAD 的应用不仅可以优化产品设计和产品开发，减少工人的劳动强度和改善工作环境，加强企业调整产业结构，降低管理费用，提高利润空间，而且方便生产管理，有利于资源共享。同时也可以实现与国际接轨，方便网络服装技术数据的传输，从而可以提升企业形象，提高企业竞争优势。

2. 对服装设计师和服装制板师的作用

服装设计师的灵感和设计理念可以与服装 CAD 的功能完美组合，会使设计更加迅速和灵活，设计师可以利用 CAD 系统随意选择不同色彩、面料与图案，同时也可以在服装 CAD 系统中模拟成衣看效果。服装制板师若遇到款式风格相近的服装，他只需打一个基础样，用 CAD 系统中的另存为一个文档，然后根据新款式的具体风格要求进行修改即可，放码、排料就更快了。服装 CAD 的应用服装制板师可以把这些重复性的工作交给计算机完成，留出更多的时间进行创作。由此可见，服装 CAD 系统不仅可以提高设计师的创作能力，同时也可以提高服装制板师设计质量和设计时效。

3. 对消费者作用

服装设计的最终目的为消费者服务，消费者可以将自己喜欢的颜色、款式风格等信息告诉设计师，设计师可以在 CAD 中输入参数，通过三维计算机试衣模块就可以使消费者模拟着装效果，这样可以修改色彩与结构，使消费者得到满意的服务，同时 CAD 的最新技术还有量身定制的系统模块，企业依据客户体型数据和客户对产品生产的要求，从样片库找到匹配的样板，按照客户的要求实现量体裁衣，真正做到既合体又舒适，从某种意义上说，服装 CAD 对提高消费者的服务质量和产品质量将起到不可估量的作用。

4. 对服装专业教育的作用

随着计算机的发展，服装 CAD 的开发成本越来越低，其功能越来越完善，应用也越来越广泛。服装 CAD 已作为服装工程设计的必修课程之一，由于服装 CAD 具有灵活性、高效性和可储存性，它已经成为服装设计师、服装制板师的一种创作性工具。服装产业要发展，服装专业教育必须先行。

总之，服装 CAD 技术的应用将对我国的服装产业发展起到极大的推进作用，目前 CAD 技术正在实现 CAM、CAPP、PDM、MIS 系统进步集成智能一体化，使系统的每一个环节更加智能化、个性化、科学化，在网络技术手段的支持下，服装 CAD 有望实现全球一体化的设计、制造、加工、系统服务。由此可见，服装 CAD 对服装产业的发展将带来不可估量的影响。

五、服装 CAD 的发展趋势

服装 CAD 作为一种与计算机技术密切相关的产物，其发展经历过初期、成长、成熟等阶段。根据研究，今后服装 CAD 系统的发展趋势如下：

1. 智能化

知识工程、专家系统等将会逐渐应用到服装 CAD 当中，系统可以实现自动识别、全自动设计以及更加强大的自动推板和自动排料等。

2. 简单化

今后的服装 CAD 将进一步降低学习难度，减少操作步骤，使学习操作更加方便快捷。

3. 集成化

减少流通环节，整合信息资源，今后的服装 CAD 将发展成为计算机集成服装制造 CIMS（Computer Integrated Manufacturing System）的一个不可分割的环节。

4. 立体化

目前已经有少数服装 CAD 建立了三维动态模型，今后的服装 CAD 将实现款式设计与结构设计（即制板）的完美结合，通过三维动态模型实现设计、试穿与修改的全部计算机作业。

5. 网络化

目前网络的普及化程度已经大大提高，今后将会实现网上推广、网上学习与安装、网上使用、网上维护等。服装 NAD（Net Aided Design，网络辅助设计）系统技术是今后服装 CAD 发展的趋势。

6. 标准化

发展服装 CAD 需要建立符合国际产品数据转化标准 STEP 的数据模型、数据信息的表示和传输标准。

7. 人性化

今后的服装 CAD 将会根据不同打板需求用户开发所需的功能，更加人性化。

8. 兼容性

各种不同的服装 CAD 系统之间相互兼容。

第二节　富怡 V8 服装 CAD 系统的特点与专业术语

一、富怡 V8 服装 CAD 特点

1. 纸样输入系统

（1）纸样输入系统具备参数法制板和自由法制板双重制板模式。

（2）人性化的界面设计，使传统手工制板习惯通过计算机完美体现。

（3）自由设计法、原型法、公式法、比例法等多种打板方式，满足每位设计师的需求。

（4）迅速完成量身定制（包括特体的样板自动生成）。

（5）特有的自动存储功能，避免了文件遗失。

（6）多种服装制作工艺符号及缝纫标志，可辅助完成工艺单。

（7）多种省处理、褶处理功能和 15 种缝边拐角类型。

（8）精确的测量、方便的纸样文字注解、高效的改板和逼真的 1∶1 显示功能。

（9）计算机自动放码，并可按需修改各部位尺寸。

（10）强大的联动调整功能，使缝合的部位更合理。

2. 放码系统

（1）放码系统中具备点放码、线放码两种以上放码方式；放码系统具备修改样板功能。

（2）多种放码方式：点放码、规则放码、切开线放码和量体放码。

（3）多种档差测量及拷贝功能。

（4）多种样板校对及检查功能。

（5）强大、便捷的随意改板功能。

（6）可重复的比例放缩和纸样缩水处理。

（7）任意样片的读图输入，数据准确无误。

（8）提供多种国际标准 CAD 格式文档（如 *.DXF 或 *.AAMA），兼容其他 CAD 系统。

3. 排料系统

（1）排料系统具备自动算料功能、自动分床功能、号型替换功能。

（2）全自动排料、人机交互排料和手动排料。

（3）具有样片缩水处理功能，可直接对预排样片缩水处理。

（4）独有的算料功能，快速自动计算用料率，为采购面料和粗算成本提供科学的数字依据。

（5）多种定位方式：随意翻转、定量重叠、限制重叠、多片紧靠和先排大片再排小片等。

（6）根据面辅料、同颜色不同号型，不同颜色不同号型的特点自动分床，择优排料。

（7）随意设定条格尺寸，进行对条对格的排料处理。

（8）在不影响已排样片的情况下，实现纸样号型和单独纸样的关联替换。

（9）样板可重叠或作丝缕倾斜，并可任意分割样片。同时，排料图可作180°旋转复制或复制倒插。

（10）可输入1:1或任意比例之排料图（迷你唛架）。

二、富怡 V8 服装 CAD 系统专业术语介绍

（1）单击左键：是指按下鼠标的左键并且在还没有移动鼠标的情况下放开左键。

（2）单击右键：是指按下鼠标的右键并且在还没有移动鼠标的情况下放开右键；有时还表示某一命令的操作结束。

（3）双击右键：是指在同一位置快速按下鼠标右键两次。

（4）左键拖拉：是指把鼠标移到点、线图元上后，按下鼠标的左键并且保持按下状态移动鼠标。

（5）右键拖拉：是指把鼠标移到点、线图元上后，按下鼠标的右键并且保持按下状态移动鼠标。

（6）左键框选：是指在没有把鼠标移到点、线图元上前，按下鼠标的左键并且保持按下状态移动鼠标。如果距离线比较近，为了避免变成"左键拖拉"可以通过在按下鼠标左键前先按下 Ctrl 键。

（7）右键框选：是指在没有把鼠标移到点、线图元上前，按下鼠标的右键并且保持按下状态移动鼠标。如果距离线比较近，为了避免变成"右键拖拉"可以通过在按下鼠标右键前先按下 Ctrl 键。

（8）点（按）:表示鼠标指针指向一个想要选择的对象,然后快速按下并释放鼠标左键。

（9）单击：在没有特意说用右键时，都是指左键。

（10）框选：在没有特意说用右键时，都是指左键。

（11）F1 ~ F12：是指键盘上方的 12 个按键。

（12）Ctrl+Z：是指先按住 Ctrl 键不松开，再按 Z 键。

（13）Ctrl+F12：是指先按住 Ctrl 键不松开，再按 F12 键。

（14）Esc 键：是指键盘左上角的 Esc 键。

（15）Delete 键：是指键盘上的 Delete 键。

（16）箭头键：是指键盘右下方的四个方向键（上、下、左、右）。

第三节　富怡 V8 服装 CAD 系统的安装

一、富怡 V8 服装 CAD 软件安装

（1）关闭所有正在运行的应用程序。

（2）把富怡安装光盘插入光驱。

（3）打开光盘，运行 Setup，弹出下列对话框（图1-1）。

（4）单击"Next"，弹出下列对话框（图1-2）。

图1-1　安装程序对话框　　　　　　　　　图1-2　安装类型对话框

（5）选择需要的版本，如选择"企业版"（如果是网络版用户，请选择"网络版"），单击"Next"按钮，弹出对话框（图1-3）。

（6）单击"Next"按钮（也可以单击"Browse…"按钮，重新定义安装路径），弹出对话框（图1-4）。

　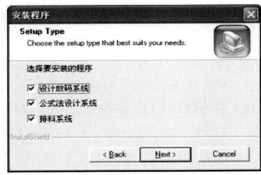

图1-3　安装目录对话框　　　　　　　　　图1-4　选择安装程序对话框

（7）勾选要安装的程序，单击"Next"按钮，弹出对话框（图1-5）。

（8）选择您使用绘图仪类型，单击"Next"按钮，弹出对话框（图1-6）。

（9）单击"Finish"按钮，在计算机插上加密锁软件即可运行程序。如果打不开软件，需要手动安装加密锁驱动。

（10）从"我的电脑"中打开软件的安装盘符，如：计算机 C 盘 → 富怡 CADV8 → Drivers → SenseLock → InstWiz3，双击安装 instWiz3（在每台计算机都要安装）。

（11）如果你安装的是网络版或院校版，还需安装 Drivers → HASP_XL → Drivers → HASPUserSetup（在每台计算机都要安装）。

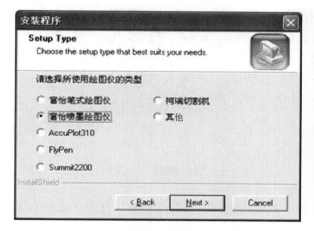

图 1-5　安装程序对话框 1

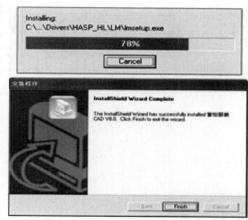

图 1-6　安装程序对话框 2

（12）如果有超级排料锁（SafeNet），需要安装 Sentinel Protection Installer（安装此驱动时不要插超排锁，且只在用超排的计算机上安装即可）。

二、绘图仪安装

1. 绘图仪安装步骤

（1）关闭计算机和绘图仪电源。

（2）用串口线、并口线、USB 线把绘图仪与计算机主机连接。

（3）打开计算机。

（4）根据绘图仪的使用手册，进行开机和设置操作。

2. 注意事项

（1）禁止在计算机或绘图仪开机状态下，插拔串口线、并口线、USB 线。

（2）接通电源开关之前，确保绘图仪处于关机状态。

（3）连接电源的插座应良好接触。

三、数字化仪安装

1. 数字化仪安装步骤

（1）关闭计算机和数字化仪电源。

（2）把数字化仪的串口线与计算机连接。

（3）打开计算机。

（4）根据数字化仪使用手册，进行开机及相关的设置操作。

2. 注意事项

（1）禁止在计算机或数字化仪开机状态下，插拔串口线。

（2）接通电源开关之前，确保数字化仪处于关机状态。

（3）连接电源的插座应良好接触。

第二章 富怡 V8 服装 CAD 系统功能介绍

本章主要介绍富怡服装 CAD 软件 V8 版本系统功能、工具功能与操作方法、菜单的功能与用途等。通过本章的学习，让读者基本掌握富怡服装 CAD 软件操作方法。

第一节 设计与放码系统功能介绍

一、系统界面介绍

系统的工作界面如同用户的工作室，熟悉了这个界面也就熟悉了你的工作环境，自然就能提高工作效率（图 2-1）。

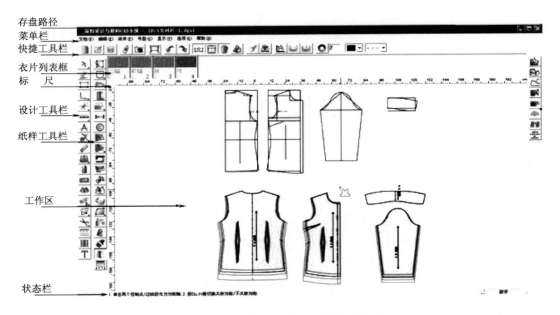

图 2-1 富怡 CAD 设计与放码系统界面

1. 存盘路径

显示当前打开文件的存盘路径。

2.菜单栏

菜单栏是放置菜单命令的地方，每个菜单的下拉菜单中又有各种命令。单击菜单时，会弹出一个下拉式列表，可用鼠标单击选择一个命令。也可以按住 Alt 键敲菜单后的对应字母，菜单即可选中，再用方向键选中需要的命令。

3.快捷工具栏

快捷工具栏用于放置常用命令的快捷图标，为快速完成设计与放码工作提供了极大的方便。

4.衣片列表框

衣片列表框用于放置当前款式中的纸样。每一个纸样放置在一个小格的纸样框中，纸样框布局可通过菜单【选项】→【系统设置】→【界面设置】→【纸样列表框布局】改变其位置。衣片列表框中放置了本款式的全部纸样，纸样名称、份数和次序号都显示在上面，拖动纸样可以对顺序调整，不同的面料显示不同的背景色。

5.标尺

标尺显示当前使用的度量单位。

6.设计工具栏

设计工具栏放着绘制及修改结构线的工具。

7.纸样工具栏

当用 ✄ 剪刀工具剪下纸样后，用纸样工具栏工具将其进行细部加工，如加剪口、加钻孔、加缝份、加缝迹线、加缩水等。

8.放码工具栏

放码工具栏放着用各种方式放码时所需要的工具。

9.工作区

工作区如一张无限大的纸张，你可在此尽情发挥你的设计才能。工作区中既可设计结构线，也可以对纸样放码，绘图时还可以显示纸张边界。

10.状态栏

状态栏位于系统的最底部，它显示当前选中的工具名称及操作提示。

二、快捷工具栏

1.快捷工具栏（图 2-2）

图 2-2　快捷工具栏

2.快捷工具功能介绍（表2-1）

表2-1 快捷工具功能介绍

序 号	图 标	名 称	快捷键	功 能
1		新建	N 或 Ctrl+N	新建一个空白文档
2		打开	Ctrl+O	用于打开储存的文件
3		保存	S 或 Ctrl+S	用于储存文件
4		读纸样		借助数化板、鼠标，可以将手工做的基码纸样或放好码的网状纸样输入到计算机中
5		数码输入		打开用数码相机拍的纸样图片文件或扫描图片文件，比数字化仪读纸样效率高
6		绘图		按比例绘制纸样或结构图
7		撤销	Ctrl+Z	用于按顺序取消做过的操作指令，每按一次可以撤销一步操作
8		重新执行	Ctrl+Y	把撤销的操作再恢复，每按一次就可以复原一步操作，可以执行多次
9		显示/隐藏变量标注		同时显示或隐藏所有的变量标注
10		显示/隐藏结构线		选中该图标，为显示结构线，否则为隐藏结构线
11		显示/隐藏纸样		选中该图标，为显示纸样，否则为隐藏纸样
12		仅显示一个纸样		① 选中该图标时，工作区只有一个纸样并且以全屏方式显示，即纸样被锁定；没选中该图标，则工作可以同时显示多个纸样 ② 纸样被锁定后，只能对该纸样操作，这样可以排除干扰，也可以防止对其他纸样的误操作
13		将工作区的纸样收起		将选中纸样从工作区收起
14		按布料种类分类显示纸样		按照布料名把纸样窗的纸样放置在工作区中
15		点放码表		对单个点或多个点放码时用的功能表
16		定型放码		用该工具可以让其他码曲线的弯曲程度与基码的一样

续表

序　号	图　标	名　称	快捷键	功　能
17		等幅高放码		两个放码点之间的曲线按照等高的方式放码
18		颜色设置		用于设置纸样列表框、工作视窗和纸样号型的颜色
19		等分数		用于等分线段
20		线颜色		用于设定或改变结构线的颜色
21		线类型		用于设定或改变结构线类型
22		曲线显示形状		用于改变线的形状
23		辅助线的输出类型		设置纸样辅助线输出的类型
24		播放演示		播放工具操作的录像
25		帮助		工具使用帮助的快捷方式

三、设计工具栏

1.设计工具栏（图 2-3）

图 2-3　设计工具栏

2.设计工具功能介绍（表 2-2）

表 2-2　设计工具功能介绍

序　号	图　标	名　称	快捷键	功　能
1		调整工具	A	用于调整曲线的形状，修改曲线上控制点的个数，曲线点与转折点的转换，改变钻孔、扣眼、省、褶的属性
2		合并调整	N	将线段移动旋转后调整，常用于调整前后袖隆、下摆、省道、前后领口及肩点拼接处等位置。适用于纸样、结构线

序 号	图 标	名 称	快捷键	功 能
3		对称调整	M	对纸样或结构线对称后调整。常用于对领的调整
4		省褶合起调整		把纸样上的省、褶合并起来调整。只适用于纸样
5		曲线定长调整		在曲线长度保持不变的情况下，调整其形状。对结构线、纸样均可操作
6		线调整		光标为 $+$ 时可检查或调整两点间曲线的长度、两点间直度，也可以对端点偏移调整；光标为 $+$ 时可自由调整一条线的一端点到目标位置上。适用于纸样、结构线
7		智能笔	F	用来画线、作矩形、调整、调整线的长度、连角、加省山、删除、单向靠边、双向靠边、移动（复制）点线、转省、剪断（连接）线、收省、不相交等距线、相交等距线、圆规、三角板、偏移点（线）、水平垂直线、偏移等多种功能
8		矩形	S	用来作矩形结构线、纸样内的矩形辅助线
9		圆角		在不平行的两条线上，作等距或不等距圆角。用于制作西服前片底摆，圆角口袋。适用于纸样、结构线
10		CR 圆弧		画圆弧、画圆。适用于画结构线、纸样辅助线
11		椭圆		在草图或纸样上画椭圆
12		三点圆弧		过三点可画一段圆弧线或画三点圆。适用于画结构线、纸样辅助线
13		角度线		作任意角度线，过线上（线外）一点作垂线、切线（平行线）。结构线、纸样上均可操作
14		点到圆或两圆之间的切线		作点到圆或两圆之间的切线。可在结构线上操作，也可以在纸样的辅助线上操作
15		等分规	D	在线上加等分点、在线上加反向等距点。在结构线上或纸样上均可操作
16		点	P	在线上定位加点或空白处加点。适用于纸样、结构线
17		圆规	C	单圆规：作从关键点到一条线上的定长直线。常用于画肩斜线、袖隆深、裤子后腰、袖山斜线等。 双圆规：通过指定两点，同时作出两条指定长度的线。常用于画袖山斜线、西装驳头等。在纸样、结构线上都能操作

续表

序 号	图 标	名 称	快捷键	功 能
18		剪断线	Shift+C	用于将一条线从指定位置断开，变成两条线；或把多段线连接成一条线。可以在结构线上操作，也可以在纸样辅助线上操作
19		关联 / 不关联		端点相交的线在用调整工具调整时，使用过关联的两端点会一起调整，使用过不关联的两端点不会一起调整。端点相交的线默认为关联。在结构线、纸样辅助线上均可操作
20		橡皮擦	E	用来删除结构图上点、线以及纸样上的辅助线、剪口、钻孔、省褶等
21		收省		在结构线上插入省道。适用于结构线上操作
22		加省山		给省道上加省山。适用于结构线上操作
23		插入省褶		在选中的线段上插入省褶，纸样。结构线上均可操作。常用于制作泡泡袖，立体口袋等
24		转省		用于将结构线上的省作转移，可同心转省，也可以不同心转省；可全部转移；也可以部分转移；也可以等分转省；转省后新省尖可在原位置，也可以不在原位置。适用于在结构线上的转省
25		褶展开		用褶将结构线展开，同时加入褶的标志及褶底的修正量。只适用于在结构线上操作
26		分割 / 展开 / 去除余量		对结构线进行修改，可对一组线展开或去除余量。常用于对领、荷叶边、大摆裙等的处理。在纸样、结构线上均可操作
27		荷叶边		作螺旋荷叶边。只适用于结构线操作
28		比较长度	R	用于测量一段线的长度、多段线相加所得总长、比较多段线的差值，也可以测量剪口到点的长度。在纸样上或结构线上均可操作
29		量角器		测量一条线的水平夹角、垂直夹角；测量两条线的夹角；测量三点形成的角；测量两点形成的水平角、垂直角。在纸样、结构线上均能操作
30		旋转	Ctrl+B	用于旋转复制或旋转一组点或线。适用于结构线与纸样辅助线
31		对称	K	根据对称轴对称复制（对称移动）结构线或纸样
32		移动	G	用于复制或移动一组点、线、扣眼、扣位等

续表

序 号	图 标	名 称	快捷键	功 能
33		对接	J	用于把一组线向另一组线上对接
34		剪刀	W	用于从结构线或辅助线上拾取纸样
35		拾取内轮廓		在纸样内挖空心图。可以在结构线上拾取，也可以将纸样内的辅助线形成的区域挖空
36		设置线的颜色线型		用于修改结构线的颜色、线类型、纸样辅助线的线类型与输出类型
37		加入/调整工艺图片		与【文档】菜单的【保存到图库】命令配合制作工艺图片，调出并调整工艺图片；可复制位图应用于办公软件中
38		加文字		用于在结构图上或纸样上加文字、移动文字、修改或删除文字，且各个码上的文字可以不一样

四、纸样工具栏

1. 纸样工具栏（图 2-4）

图 2-4　纸样工具栏

2. 纸样工具功能介绍（表 2-3）

表 2-3　纸样工具功能介绍

序 号	图 标	名 称	功 能
1		选择纸样控制点	用来选中纸样、选中纸样上边线点、选中辅助线上的点、修改点的属性
2		缝迹线	在纸样边线上加缝迹线、修改缝迹线
3		绗缝线	在纸样上添加绗缝线、修改绗缝线
4		加缝份	用于给纸样加缝份或修改缝份量及切角
5		做衬	用于在纸样上做衬（朴）样、贴样
6		剪口	在纸样边线上加剪口、拐角处加剪口以及辅助线指向边线的位置加剪口，调整剪口的方向，对剪口放码，修改剪口的定位尺寸及属性

序　号	图　标	名　称	功　能
7		袖对刀	在袖窿与袖山上同时打剪口，并且前袖窿、前袖山打单剪口，后袖窿、后袖山打双剪口
8		眼位	在纸样上加眼位、修改眼位。在放码的纸样上，各码眼位的数量可以相等，也可以不相等，也可加组扣眼
9		钻孔	在纸样上加钻孔（扣位），修改钻孔（扣位）的属性及个数。在放码的纸样上，各码钻孔的数量可以相等，也可以不相等，也可加钻孔组
10		褶	在纸样边线上增加或修改刀褶、工字褶。也可以把在结构线上加的褶用该工具变成褶图元。做通褶时在原纸样上会把褶量加进去，纸样大小会发生变化，如果加的是半褶，只是加了褶符号，纸样大小不改变
11		V形省	在纸样边线上增加或修改V形省，也可以把在结构线上加的省用该工具变成省图元
12		锥形省	在纸样上加锥形省或菱形省
13		比拼行走	一个纸样的边线在另一个纸样的边线上行走时，可调整内部线对接是否圆顺，也可以加剪口
14		布纹线	用于调整布纹线的方向、位置、长度以及布纹线上的文字信息
15		旋转衣片	用于旋转纸样
16		水平垂直翻转	用于将纸样翻转
17		水平/垂直校正	将一段线校正成水平或垂直状态，常用于校正读图纸样
18		重新顺滑曲线	用于调整曲线并且关键点的位置保留在原位置，常用于处理读图纸样
19		曲线替换	结构线上的线与纸样边线间互换，也可以把纸样上的辅助线变成边线（原边线也可转换辅助线）
20		纸样变闭合辅助线	将一个纸样变为另一个纸样的闭合辅助线
21		分割纸样	将纸样沿辅助线剪开
22		合并纸样	将两个纸样合并成一个纸样。有两种合并方式：一是以合并线两端点的连线合并；二是以曲线合并
23		纸样对称	有关联对称纸样与不关联对称纸样两种功能。关联对称后的纸样，在其中一半纸样修改时，另一半也联动修改；不关联对称后的纸样，在其中一半的纸样上改动，另一半不会跟着改动
24		缩水	根据面料对纸样进行整体缩水处理。针对选中线可进行局部缩水

五、放码工具栏

1. 放码工具栏（图 2-5）

图 2-5　放码工具栏

2. 放码工具功能介绍（表 2-4）

表 2-4　放码工具功能介绍

序　号	图　标	名　　称	功　　能
1		平行交点	用于纸样边线的放码，用该工具后与其相交的两边分别平行。常用于西装领口的放码
2		辅助线平行放码	针对纸样内部线放码，用该工具后，内部线各码间会平行且与边线相交
3		辅助线放码	相交在纸样边线上的辅助线端点按照到边线指定点的长度来放码
4		肩斜线放码	使各码平行于肩斜线放码
5		各码对齐	将各码放码量按点或剪口（扣位、眼位）线对齐或恢复原状
6		圆弧放码	可对圆弧的角度、半径、弧长进行放码
7		拷贝点放码量	拷贝放码点、剪口点、交叉点的放码量到其他的放码点上
8		点随线段放码	根据两点的放码比例对指定点放码
9		设定／取消辅助线随边线放码	辅助线随边线放码，辅助线不随边线放码
10		平行放码	对纸样边线、纸样辅助线平行放码。常用于文胸放码

六、隐藏工具

1. 隐藏工具工具栏（图 2-6）

图 2-6　隐藏工具工具栏

2. 隐藏工具功能介绍（表2-5）

表 2-5　隐藏工具功能介绍

序　号	图　标	名　称	快捷键	功　　能
1		平行调整		平行调整一段线或多段线
2		比例调整		按比例调整一段线或多段线。按 Shift 键切换
3		线		画自由的曲线或直线
4		连角	V	用于将线段延长至与其他线相交，并删除交点外非选中部分
5		水平垂直线		在关键的两点（包括两线交点或线的端点）上连一个直角线
6		等距线	Q	用于画一条线的等距线
7		相交等距线	B	用于画与两边相交的等距线，可同时画多条
8		靠边	T	有单向靠边与双向靠边两种情况。单向靠边，同时将多条线靠在一条目标线上。双向靠边，同时将多条线的两端同时靠在两条目标线上
9		放大	空格键	用于放大或全屏显示工作区的对象
10		移动纸样	空格键	将纸样从一个位置移至另一个位置，或将两个纸样按照一点对应重合
11		三角板		用于作任意直线的垂直或平行线（延长线）
12		对剪口		用于两组线间打剪口，并可加入吃势量
13		交接 / 调校 XY 值		既可以让辅助线基码沿线靠边，又可以让辅助线端点在 X 方向（或 Y 方向）的放码量保持不变，而在 Y 方向（或 X 方向）上靠边放码
14		平行移动		沿线平行调整纸样
15		不平行调整		在纸样上增加一条不平行线或者不平行调整边线或辅助线
16		圆弧展开		在结构线或纸样上或在空白处做圆弧展开

续表

序 号	图 标	名 称	快捷键	功 能
17		圆弧切角		作已知圆弧半径并同时与两条不平行的线相切的弧
18		对应线长 / 调校 XY 值		用多个放好码的线段之和来对单个点来放码
19		整体放大 / 缩小纸样		把整个纸样平行放大或缩小
20	1:10	比例尺		将结构线或纸样按比例放大或缩小到指定尺寸
21	TIU VU	修改剪口类型		修改单个剪口或多个剪口类型
22		等角放码		调整角的放码量使各码的角度相等。可用于调整后裆弧线和领弧线
23		等角度（调校 XY）		调整角一边的放码点使各码角度相等
24		等角度边线延长		延长角度一边的线长，使各码角度相同
25	0.5 1.2	档差标注		给放码纸样加档差标注
26		激光模板		用来设置镂空线的宽度。常用来制作激光模板

七、菜单栏

1. 文档菜单栏工具栏（图 2-7）
2. 文档菜单栏工具功能介绍（表 2-6）

表 2-6　文档菜单栏工具功能介绍

序 号	名 称	快捷键	功 能
1	另存为	A 或 Ctrl+A	该命令是用于给当前文件做一个备份
2	保存到图库	B	与【加入 / 调整工艺图片】工具配合制作工艺图库
3	安全恢复		因断电没有来得及保存的文件，用该命令可找回来
4	档案合并	U	把文件名不同的档案合并在一起
5	自动打板		调入公式法打板文件，可以在尺寸规格表中修改需要的尺寸，然后即可自动打板

续表

序　号	名　称	快捷键	功　能
6	打开 AAMA/ASTM 格式文件		可打开 AAMA/ASTM 格式文件，该格式是国际通用格式
7	打开 TIIP 格式文件		用于打开日本的 *.dxf 纸样文件，TIIP 是日本文件格式
8	打开 AutoCAD/DXF 文件		用于打开 AutoCAD 输出的 DXF 文件
9	输出 ASTM 文件		把本软件文件转成 ASTM 格式文件
10	打印号型规格表	T	该命令用于打印号型规格表
11	打印纸样信息单	I	用于打印纸样的详细资料，如纸样的名称、说明、面料、数量等
12	打印总体资料单	G	用于打印所有纸样的信息资料，并集中显示在一起
13	打印纸样	P	用于在打印机上打印纸样或草图
14	打印机设置	R	用于设置打印机型号及纸张大小及方向
15	数化板设置	E	对数化板指令信息设置
16	最近用过的 5 个文件		可快速打开最近用过的 5 个文件
17	退出	X	该命令用于结束本系统的运行

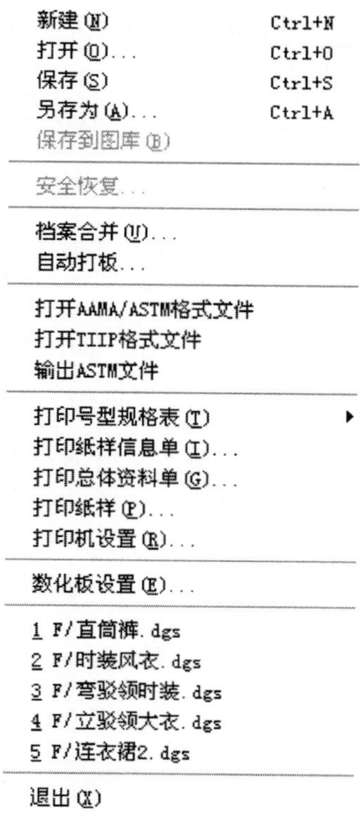

新建 (N)　　　　　　　Ctrl+N
打开 (O)...　　　　　　Ctrl+O
保存 (S)　　　　　　　Ctrl+S
另存为 (A)...　　　　　Ctrl+A
保存到图库 (B)

安全恢复...

档案合并 (U)...
自动打板...

打开AAMA/ASTM格式文件
打开TIIP格式文件
输出ASTM文件

打印号型规格表 (T)　　　　　　　▶
打印纸样信息单 (I)...
打印总体资料单 (G)...
打印纸样 (P)...
打印机设置 (R)...

数化板设置 (E)...

1 F/直筒裤.dgs
2 F/时装风衣.dgs
3 F/弯驳领时装.dgs
4 F/立驳领大衣.dgs
5 F/连衣裙2.dgs

退出 (X)

图 2-7　文档菜单栏工具栏

八、编辑菜单

1. 编辑菜单（图 2-8）

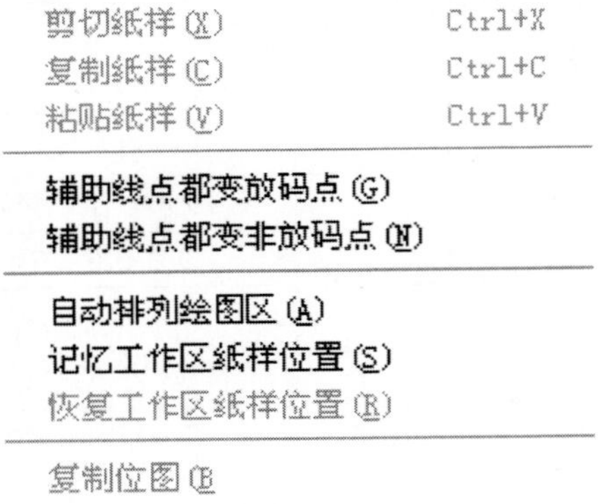

剪切纸样 (X)　　　　　　Ctrl+X

复制纸样 (C)　　　　　　Ctrl+C

粘贴纸样 (V)　　　　　　Ctrl+V

辅助线点都变放码点 (G)

辅助线点都变非放码点 (N)

自动排列绘图区 (A)

记忆工作区纸样位置 (S)

恢复工作区纸样位置 (R)

复制位图 (B)

图 2-8　编辑菜单

2. 编辑菜单工具功能介绍（表 2-7）

表 2-7　编辑菜单工具功能介绍

序　号	名　　称	快捷键	功　　能
1	剪切纸样	X 或 Ctrl+X	该命令与粘贴纸样配合使用，把选中纸样剪切剪贴板上
2	复制纸样	C 或 Ctrl+C	该命令与粘贴纸样配合使用，把选中纸样复制剪贴板上
3	粘贴纸样	V 或 Ctrl+V	该命令与复制纸样配合使用，使复制在剪贴板的纸样粘贴在目前打开的文件中
4	辅助线点都变放码点	G	将纸样中的辅助线点都变成放码点
5	辅助线点都变非放码点	N	将纸样内的辅助线点都变非放码点
6	自动排列绘图区	A	把工作区的纸样进行按照绘图纸张的宽度排列，省去手动排列的麻烦
7	记忆工作区中纸样位置	S	再次应用
8	恢复工作区纸样位置	R	对已经执行【记忆工作区中纸样位置】的文件，再打开该文件时，用该命令可以恢复上次纸样在工作区中的摆放位置
9	复制位图	B	该命令与 加入 / 调整工艺图片配合使用，将选择的结构图以图片的形式复制在剪贴板上

九、纸样菜单

1.纸样菜单（图2-9）

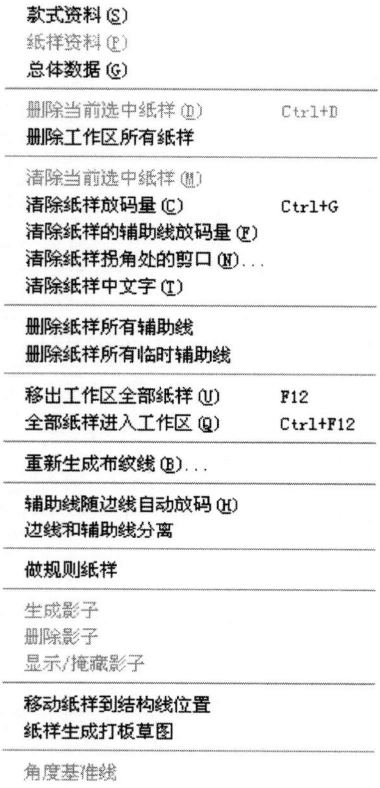

款式资料(S)
纸样资料(P)
总体数据(G)

删除当前选中纸样(D)　　　　　　Ctrl+D
删除工作区所有纸样

清除当前选中纸样(M)
清除纸样放码量(C)　　　　　　　Ctrl+G
清除纸样的辅助线放码量(F)
清除纸样拐角处的剪口(N)...
清除纸样中文字(T)

删除纸样所有辅助线
删除纸样所有临时辅助线

移出工作区全部纸样(U)　　　　　F12
全部纸样进入工作区(Q)　　　　　Ctrl+F12

重新生成布纹线(B)...

辅助线随边线自动放码(H)
边线和辅助线分离

做规则纸样

生成影子
删除影子
显示/掩藏影子

移动纸样到结构线位置
纸样生成打板草图

角度基准线

图2-9　纸样菜单

2.纸样菜单工具功能介绍（表2-8）

表2-8　纸样菜单工具功能介绍

序　号	名　　称	快捷键	功　　能
1	款式资料	S	用于输入同一文件中所有纸样的共同信息。在款式资料中输入的信息可以在布纹线上下显示，并可传送到排料系统中随纸样一起输出
2	纸样资料	P	编辑当前选中纸样的详细信息。快捷方式：在衣片列表框上双击纸样
3	总体数据		查看文件不同布料的总的面积或周长，以及单个纸样的面积、周长
4	删除当前选中纸样	D 或 Ctrl+D	将工作区中的选中纸样从衣片列表框中删除
5	删除工作区中所有纸样		将工作区中的全部纸样从衣片列表框中删除

续表

序　号	名　　称	快捷键	功　　能
6	清除当前选中纸样	M	清除当前选中的纸样的修改操作，并把纸样放回衣片列表框中。用于多次修改后再回到修改前的情况
7	清除纸样放码量	C 或 Ctrl+G	用于清除纸样的放码量
8	清除纸样的辅助线放码量	F	用于删除纸样辅助线的放码量
9	清除纸样拐角处的剪口		用于删除纸样拐角处的剪口
10	清除纸样中文字	T	清除纸样中用 T 工具写上的文字（注意：不包括布纹线上下的信息文字）
11	删除纸样所有辅助线		用于删除纸样的辅助线
12	删除纸样所有临时辅助线		用于删除纸样的临时辅助线
13	移出工作区全部纸样	U 或 F12	将工作区全部纸样移出工作区
14	全部纸样进入工作区	Q 或 Ctrl+F12	将纸样列表框的全部纸样放入工作区
15	重新生成布纹线	B	恢复编辑过的布纹线至原始状态
16	辅助线随边线自动放码		将与边线相接的辅助线随边线自动放码
17	边线和辅助线分离		使边线与辅助线不关联。使用该功能后选中边线点入码时，辅助线上的放码量保持不变
18	做规则纸样		做圆或矩形纸样
19	生成影子		将选中纸样上所有点线生成影子，方便在改板后可以看到改板前的影子
20	删除影子		删除纸样上的影子
21	显示 / 隐藏影子		用于显示或隐藏影子
22	移动纸样到结构线位置		将移动过的纸样再移到结构线的位置
23	纸样生成打板草图		将纸样生成新的打板草图
24	角度基准线		在纸样上定位。如在纸样上定袋位，腰位

十、号型菜单

1. 号型菜单（图 2-10）

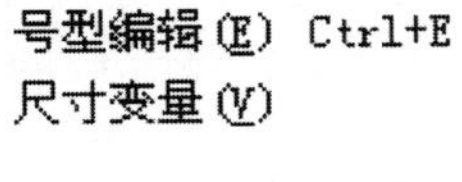

号型编辑(<u>E</u>) Ctrl+E
尺寸变量(<u>V</u>)

图 2-10　号型菜单

2.号型菜单工具功能介绍（表2-9）

表2-9　号型菜单工具功能介绍

序　号	名　称	快捷键	功　　能
1	号型编辑	E 或 Ctrl+E	编辑号型尺码及颜色，以便放码。可以输入服装的规格尺寸，方便打板、自动放码时采用数据，同时也就备份了详细的尺寸资料
2	尺寸变量		该对话框用于存放线段测量的记录

十一、显示菜单

1.显示菜单（图2-11）

2.显示菜单工具功能介绍

【状态栏】、【款式图】、【标尺】、【衣片列表框】、【快捷工具栏】、【设计工具栏】、【纸样工具栏】、【放码工具栏】、【自定义工具栏】、【显示辅助线】、【显示临时辅助线】等命令，勾选则显示对应内容，反之则不显示。

图2-11　显示菜单

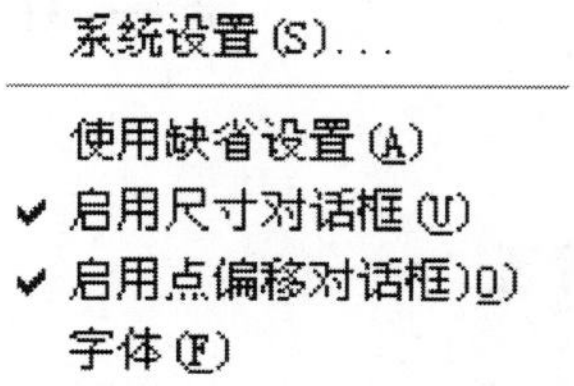

图2-12　选项菜单

十二、选项菜单

1.选项菜单（图2-12）

2.选项菜单工具功能介绍（表2-10）

表2-10　选项菜单工具功能介绍

序　号	名　称	快捷键	功　　能
1	系统设置	S	系统设置中有多个选项卡，可对系统各项进行设置
2	使用缺省设置	A	采用系统默认的设置

续表

序　号	名　　称	快捷键	功　　　能
3	启用尺寸对话框	U	该命令前面有√显示，画指定长度线或定位或定数调整时可有对话框显示；反之没有
4	启用点偏移对话框	O	该命令前面有√显示，用调整工具左键调整放码点时有对话框；反之没有
5	字体	F	用来设置工具信息提示、T文字、布纹线上的字体、尺寸变量的字体等的字形和大小，也可以把原来设置过的字体再返回到系统默认的字体

十三、帮助菜单

1. 帮助菜单（图 2-13）

图 2-13　帮助菜单

2. 关于富怡 DGS

用于查看应用程版本、VID、版权等相关信息。

第二节　排料系统功能介绍

一、系统界面

1. 系统界面介绍（图 2-14）

排料系统界面简洁，而且思路清晰明确，所设计的排料工具功能强大、使用方便。为用户在竞争激烈的服装市场中提高生产效率、缩短生产周期、增加服装产品的技术含量和高附加值提供了保障。该系统主要具有以下特点：

（1）超级排料、全自动、手动、人机交互，按需选用。

（2）键盘操作，排料快速准确。

（3）自动计算用料长度、利用率、纸样总数及放置数。

（4）提供自动、手动分床。

（5）对不同面料的排料图（唛架）自动分床。

（6）对不同布号的唛架自动或手动分床。

（7）提供对格对条功能。

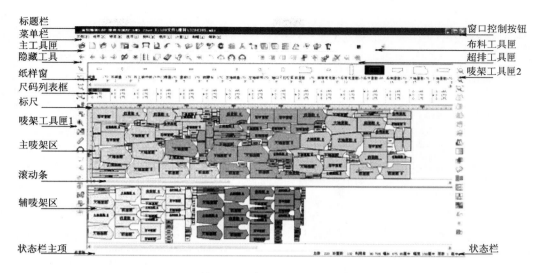

图 2-14 排料系统界面介绍

（8）可与裁床、绘图仪、切割机、打印机等输出设备接驳，进行小唛架的打印及 1:1 唛架的裁剪、绘图和切割。

2. 界面工具功能介绍（表 2-11）

表 2-11 界面工具功能介绍

序 号	名 称	功 能
1	标题栏	位于窗口的顶部，用于显示文件的名称、类型及存盘的路径
2	菜单栏	由 9 组菜单组成的菜单栏，单击其中的菜单命令可以执行相应的操作
3	主工具匣	该栏放置着常用的命令，为快速完成排料工作提供了极大的方便
4	隐藏工具	
5	超排工具匣	
6	纸样窗	纸样窗中放置着排料文件所需要使用的所有纸样，每一个单独的纸样放置在一小格的纸样框中。纸样框的大小可以通过拉动左右边界来调节其宽度，还可通过在纸样框上单击鼠标右键，在弹出的对话框内改变数值，调整其宽度和高度
7	尺码列表框	每一个小纸样框对应着一个尺码表，尺码表中存放着该纸样对应的所有尺码号型及每个号型对应的纸样数
8	标尺	显示当前唛架使用的单位
9	唛架工具匣 1	
10	主唛架区	主唛架区可按自己的需要任意排列纸样，以取得最省布的排料方式
11	滚动条	包括水平和垂直滚动条，拖动可浏览主辅唛架的整个页面、纸样窗纸样和纸样各码数

续表

序　号	名　称	功　能
12	辅唛架区	将纸样按码数分开排列在辅唛架上，方便主唛架排料
13	状态栏主项	状态栏主项位于系统界面的最底部左边，如果把鼠标移至工具图标上，状态栏主项会显示该工具名称；如果把鼠标移至主唛架纸样上，状态栏主项会显示该纸样的宽、高、款式名、纸样名称、号型、套号及光标所在位置的 X 坐标、Y 坐标。根据个人需要，可在参数设定中设置所需要显示的项目
14	窗口控制按钮	可以控制窗口最大化、最小化显示和关闭
15	布料工具匣	
16	唛架工具匣 2	
17	状态栏	状态栏位于系统界面的右边最底部，它显示当前唛架纸样总数、放置在主唛架区纸样总数、唛架利用率、当前唛架的幅长、幅宽、唛架层数和长度单位

二、主工具匣

1. 主工具匣（图 2-15）

图 2-15　主工具匣

2. 主工具匣工具功能介绍（表 2-12）

表 2-12　主工具匣工具功能介绍

序　号	图　标	名　称	快捷键	功　能
1		打开款式文件	D	【载入】用于选择排料所需的纸样文件（可同时选中多个款式载入） 【查看】用于查看【纸样制单】的所有内容 【删除】用于删除选中的款式文件 【添加纸样】用于添加另一个文件中或本文件中的纸样和载入的文件中的纸样一起排料 【信息】用于查看选中文件信息
2		新建	N 或 Ctr +N	执行该命令，将产生新的唛架文件
3		打开	O 或 Ctrl+O	打开一个已保存好的唛架文档

续表

序 号	图 标	名 称	快捷键	功 能
4		打开前一个件		在当前打开的唛架文件夹下，按名称排序后，打开当前唛架的上一个文件
5		打开后一个文件		在当前打开的唛架文件夹下，按名称排序后，打开当前唛架的后一个文件
6		打开原文件		在打开的唛架上进行多次修改后，想退回到最初状态，用此功能一步到位
7		保存	S 或 Ctrl + S	该命令可将唛架保存在指定的目录下，方便以后使用
8		存本床唛架		对于一个文件，在排唛时，分别排在几个唛架上时，这时将用到【存本床唛架】命令
9		打印		该命令可配合打印机来打印唛架图或唛架说明
10		绘图		用该命令可绘制 1：1 唛架。只有直接与计算机串行口或并行口相连的绘图机或在网络上选择带有绘图机的计算机才能绘制文件
11		打印预览		该命令可以模拟显示要打印的内容以及在打印纸上的效果
12		后退	Ctrl+Z	撤销上一步对唛架纸样的操作
13		前进	Ctrl+X	返回用 后退工具后的上一步操作
14		增加样片		可以将选中纸样增加或减少纸样的数量，可以只增加或减少一个码纸样的数量，也可以增加或减少所有码纸样的数量
15		单位选择		可以用来设定唛架的单位
16		参数设定		该命令包括系统一些命令的默认设置。它由【排料参数】、【纸样参数】、【显示参数】、【绘图打印】及【档案目录】五个选项卡组成
17		颜色设定		该命令为本系统的界面、纸样的各尺码和不同的套数等分别指定颜色
18		定义唛架	Ctrl+M	该命令可设置唛架(布封)的宽度、长、层数、面料模式及布边
19		字体设定		该命令可为唛架显示字体、打印、绘图等分别指定字体
20		参考唛架		打开一个已经排列好的唛架作为参考
21		纸样窗		用于打开或关闭纸样窗

续表

序　号	图　标	名　称	快捷键	功　　能
22		尺码列表框		用于打开或关闭尺码表
23		纸样资料		放置当前纸样当前尺码的纸样信息，也可以对其做出修改
24		旋转纸样		可对所选纸样进行任意角度旋转，还可复制其旋转纸样，生成一新纸样，添加到纸样窗内
25		翻转纸样		用于将所选中纸样进行翻转。若所选纸样尚未排放到唛架上，则可对该纸样进行直接翻转，可以不复制该纸样；若所选纸样已排放到唛架上，则只能对其进行翻转复制，生成相应新纸样，并将其添加到纸样窗内
26		分割纸样		将所选纸样按需要进行水平或垂直分割。在排料时，为了节约布料，在不影响款式式样的情况下，可将纸样剪开，分开排放在唛架上
27		删除纸样		删除一个纸样中的一个码或所有的码

三、唛架工具匣1

1. 唛架工具匣1（图2-16）

图2-16　唛架工具匣1

2. 唛架工具匣1工具功能介绍（表2-13）

表2-13　唛架工具匣1工具功能介绍

序　号	图　标	名　称	快捷键	功　　能
1		纸样选择		用于选择及移动纸样
2		唛架宽度显示		用左键单击🔍图标，主唛架就以宽度显示在可视界面
3		显示唛架上全部纸样		主唛架的全部纸样都显示在可视界面
4		显示整张唛架		主唛架的整张唛架都显示在可视界面
5		旋转限定		该命令是限制唛架工具匣1中🎧依角旋转工具、顺时针90°旋转工具及键盘微调旋转的开关命令

续表

序 号	图 标	名 称	快捷键	功 能
6		翻转限定		该命令是用于控制系统是否读取【纸样资料】对话框中的有关是否【允许翻转】的设定,从而限制唛架工具匣1中垂直翻转、水平翻转工具的使用
7		放大显示		该命令可对唛架的指定区域进行放大、对整体唛架缩小以及对唛架的移动
8		清除唛架	Ctrl+C	用该命令可将唛架上所有纸样从唛架上清除,并将它们返回到纸样列表框
9		尺寸测量		该命令可测量唛架上任意两点间的距离
10		旋转唛架纸样		在 旋转限定工具凸起时,使用该工具对选中纸样设置旋转的度数和方向
11		顺时针90度旋转		【纸样】→【纸样资料】→【纸样属性】,排样限定选项点选的是【四向】或【任意】时;或虽选其他选项,当选中 旋转限定工具时,可用该工具对唛架上选中纸样进行90°旋转
12		水平翻转		【纸样】→【纸样资料】→【纸样属性】的排样限定选项中是【双向】、【四向】或【任意】,并且勾选【允许翻转】时,可用该命令对唛架上选中纸样进行水平翻转
13		垂直翻转		【纸样】→【纸样资料】→【纸样属性】的排样限定选项中的【允许翻转】选项有效时,可用该工具对纸样进行垂直翻转
14		纸样文字		该命令用来为唛架上的纸样添加文字
15		唛架文字		用于在唛架的未排放纸样的位置加文字
16		成组		将两个或两个以上的纸样组成一个整体
17		拆组		是与成组工具对应的工具,起到拆组作用
18		设置选中纸样虚位		在唛架区给选中纸样加虚位

四、唛架工具匣2

1.唛架工具匣2(图2-17)

图2-17 唛架工具匣2

2.唛架工具匣2工具功能介绍（表2-14）

表2-14　唛架工具匣2工具功能介绍

序　号	图　标	名　称	功　　能
1		显示辅唛架宽度	使辅唛架以最大宽度显示在可视区域
2		显示辅唛架所有纸样	使辅唛架上所有纸样显示在可视区域
3		显示整个辅唛架	使整个辅唛架显示在可视区域
4		展开折叠纸样	将折叠的纸样展开
5		纸样右折、纸样左折、纸样下折、纸样上折	当对圆筒唛架进行排料时，可将上下对称的纸样向上折叠、向下折叠，将左右对称的纸样向左折叠、向右折叠
6		裁剪次序设定	用于设定自动裁床裁剪纸样时的顺序
7		画矩形	用于画矩形参考线，并可随排料图一起打印或绘图
8		重叠检查	用于检查纸样与纸样的重叠量及纸样与唛架边界的重叠量
9		设定层	纸样部分重叠时可对重叠部分进行取舍设置
10		制帽排料	对选中纸样的单个号型进行排料，排列方式有正常、倒插、交错、@倒插、@交错
11		主辅唛架等比例显示纸样	将辅唛架上的"纸样"与主唛架"纸样"以相同比例显示出来
12		放置纸样到辅唛架	将纸样列表框中的纸样放置到辅唛架上
13		清除辅唛架纸样	将辅唛架上的纸样清除，并放回纸样窗
14		切割唛架纸样	将唛架上纸样的重叠部分进行切割
15		裁床对格设置	用于裁床上对格设置
16		缩放纸样	对整体纸样放大或缩小

五、布料工具匣

1. 布料工具匣（图2-18）

图2-18 布料工具匣

2. 布料工具匣功能

选择不同种类布料进行排料。

六、超排工具匣

1. 超排工具匣（图2-19）

图2-19 超排工具匣

2. 超排工具匣工具功能介绍（表2-15）

表2-15 超排工具匣工具功能介绍

序号	图标	名称	功能
1		超级排料	超级排料工匣中的超级排料与排料菜单中超级排料命令作用相同
2		嵌入纸样	对排料图上重叠的纸样，嵌入其纸样至就近的空隙里面去
3		改变唛架纸样间距	对唛架上纸样的最小间距的设置
4		改变唛架宽度	改变唛架的宽度的同时，自动进行排料处理
5		拌动唛架	向左压缩唛架纸样，进一步提高利用率
6		捆绑纸样	对唛架上任意的多片纸样(必须大于1)进行捆绑
7		解除捆绑	对捆绑纸样的一个反操作,使被捆绑纸样不再具有被捆绑属性

序 号	图 标	名 称	功 能
8		固定纸样	对唛架上任意的一片或多片纸样进行固定
9		解除固定	对固定纸样的一个反操作，使固定纸样不再具有固定属性
10		查看捆绑记录	查看被捆绑了的纸样
11		查看锁定记录	查看固定纸样

七、隐藏工具

1. 隐藏工具（图2-20）

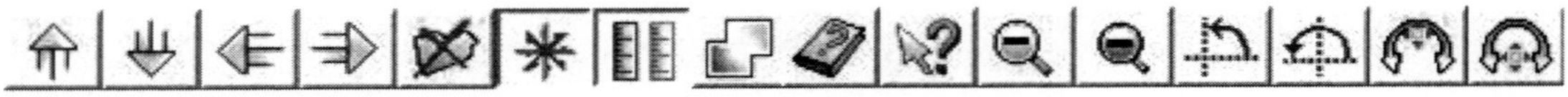

图2-20　隐藏工具

2. 隐藏工具功能介绍（表2-16）

表2-16　隐藏工具功能介绍

序 号	图 标	名 称	快捷键	功 能
1	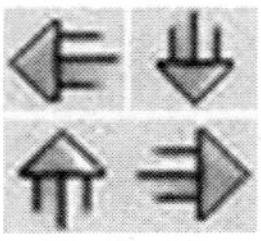	上、下、左、右四个方向移动工具		对选中样片作上、下、左、右四个方向移动，与数字键8、2、4、6的移动功能相同
2		移除所选纸样（清除选中）	Delete 或双击	将唛架上所有选中的纸样从唛架上清除，并将它们返回到纸样列表框。与删除纸样是不一样的
3		旋转角度四向取整		用鼠标进行人工旋转纸样的角度控制开关命令
4		开关标尺		开关唛架标尺
5		合并		将两个幅宽一样的唛架合并成一个唛架
6		在线帮助		使用帮助的快捷方式

续表

序　号	图　标	名　称	快捷键	功　　能
7		缩小显示		使主唛架上的纸样缩小显示恢复到前一显示比例
8		辅唛架缩小显示		使辅唛架纸样缩小显示恢复到前一显示比例
9		逆时针90°旋转		【纸样】→【纸样资料】→【纸样属性】，排样限定选项点选的是【四向】或【任意】时，或虽选其他选项，当选中 旋转限定工具时，可用该工具对唛架上选中纸样进行90°旋转
10	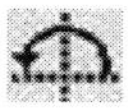	180°旋转		纸样布纹线是【双向】【四向】或【任意】时，可用该工具对唛架上选中纸样进180°旋转
11		边点旋转		当 旋转限定工具凸起时，使用边点旋转工具可使选中纸样以单击点为轴心，对所选纸样进行任意角度旋转 　当 旋转限定工具进行180°旋转，纸样布纹线为【四向】时进行90°旋转，【任意】时唛架纸样任意角度旋转
12		中点旋转		当 旋转限定工具凸起时，使用中点旋转工具可使选中纸样以中点为轴心对所选纸样进行任意角度旋转 　当 旋转限定工具凹陷时，纸样布纹线为【双向】时，使用中点旋转工具可使选中纸样以纸样中点为轴心对所选唛架纸样进行180°旋转，纸样布纹线为【四向】时进时90°旋转，【任意】时唛架纸样任意角度旋转

八、菜单栏

1. 菜单栏（图2-21）

2. 文档菜单（图2-22）

3. 文档菜单工具功能介绍（表2-17）

| 文档[F] | 纸样[P] | 唛架[M] | 选项[O] | 排料[N] | 裁床[C] | 计算[L] | 制帽[k] | 帮助[H] |

图2-21　菜单栏

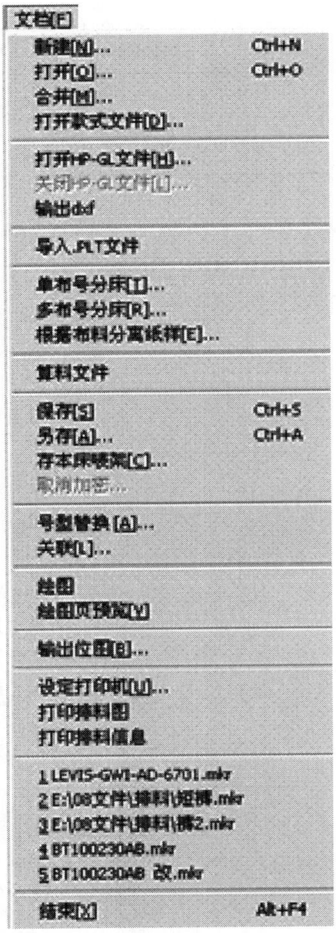

图 2-22　文档菜单

表 2-17　文档菜单工具功能介绍

序　号	名　　称	快捷键	功　　能
1	打开 HP-GL 文件		用于打开 HP-GL（*.plt）文件，可以查看，也可以绘图
2	关闭 HP-GL 文件		用于关闭已打开的 HP-GL（*.plt）文件
3	输出 DXF		将唛架以 DXF 的格式保存，以便在其他的 CAD 系统中调出运用，从而达到本系统与其他 CAD 系统的接驳
4	导入 PLT 文件		可以导入富怡（RichPeace）与格柏（Gerber）输出 PLT 文件，在该软件中进行再次排料
5	单布号分床		打开唛架，根据码号分为多床唛架文件并保存
6	多布号分床		用于打开唛架根据布号，以套为单位，分为多床的唛架文件保存
7	根据布料分离纸样		将唛架文件根据布料类型自动分开纸样

续表

序　号	名　称	快捷键	功　能
8	算料文件		① 用于快速、准确的计算出服装订单的用布总量 ② 用于打开已经保存的算料文件 ③ 根据不同布料计算某款订单所用不同布种的用布量 ④ 用于打开已经保存的多布算料文件
9	另存	Ctrl+A	用于为当前文件做备份
10	取消加密		对已经加了密的文件取消它的加密程序
11	号型替换		为了提高排料效率，在已排好唛架上替换号型中的一套或多套
12	关联		对已经排好的唛架，纸样又需要修改时，在设计与放码系统中修改保存后，应用关联可对之前已排好的唛架自动更新，不需要重新排料
13	绘图		同时绘制多床唛架
14	绘图页预览		可以选页绘图。绘图仪在绘较长唛架时，由于某原因没能把唛架完整绘出，此时用"绘图页预览"，只需把未绘的唛架绘出即可
15	输出位图		用于将整张唛架输出为 .bmp 格式文件，并在唛架下面输出一些唛架信息。可用来在没有装 CAD 软件的计算机上查看唛架
16	设定打印机		用于设置打印机型号、纸张大小、打印方向等
17	打印排料图		对打印排料图的尺寸大小及页边距设定
18	打印排料信息		对打印排料信息进行设定
19	最近文件		该命令可快速地打开最近用过的 5 个文件
20	结束	Alt+F4	该命令用于结束本系统的运行

4. 纸样菜单（快捷键 P）（图 2-23）

5. 纸样菜单工具功能介绍（表 2-18）

表 2-18　纸样菜单工具功能介绍

序　号	名　称	功　能
1	内部图元参数	内部图元命令是用来修改或删除所选纸样内部的剪口、钻孔等服装附件的属性。图元即指剪口、钻孔等样板附件。用户可改变这些服装附件的大小、类型等选项的特性
2	内部图元转换	用该命令可改变当前纸样、所有尺码或全部纸样内部的所有附件的属性。它常常用于同时改变唛架上所有纸样中的某一种内部附件的属性，而刚刚讲述的【内部图元参数】命令则只用于改变某一个纸样中的某一个附件的属性
3	调整单纸样布纹线	调整选择纸样的布纹线
4	调整所有纸样布纹线	调整所有纸样的布纹线位置
5	设置所有纸样数量为1	将所有纸样的数量改为1。常用于在排料中排"纸板"

6. 唛架菜单（快捷键M）（图 2-24）

7. 唛架菜单工具功能介绍（表 2-19）

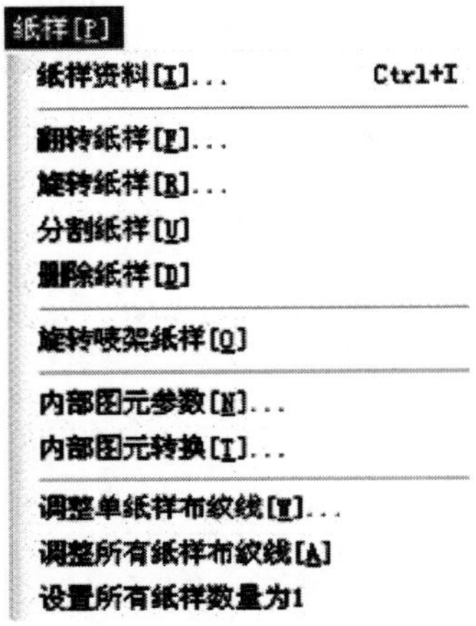

唛架[M]

| 清除唛架[C] | Ctrl+C |
| 移除所选纸样[R] | Del |

选中全部纸样[A]
选中折叠纸样[F] ▶
选中当前纸样[G]
选中当前纸样的所有号型[I]
选中与当前纸样号型相同的所有纸样[N]
选中所有固定位置的纸样[L]

检查重叠纸样[O]
检查排料结果[K]...

| 定义唛架[M]... | Ctrl+M |
设定唛架布料图样[K]
固定唛架长度[X]
参考唛架[V]...
定义基准线[D]...
定义单页打印换行[E]...

定义对格对条[S]...

| 排列纸样[P] | ▶ |
| 排列辅唛架纸样[B] | F3 |

| 单位选择[W]... |
| 刷新[T] | F5 |

纸样[P]

| 纸样资料[I]... | Ctrl+I |

翻转纸样[F]...
旋转纸样[R]...
分割纸样[U]
删除纸样[D]

旋转唛架纸样[Q]

内部图元参数[N]...
内部图元转换[T]...

调整单纸样布纹线[W]...
调整所有纸样布纹线[A]
设置所有纸样数量为1

图 2-23　纸样菜单 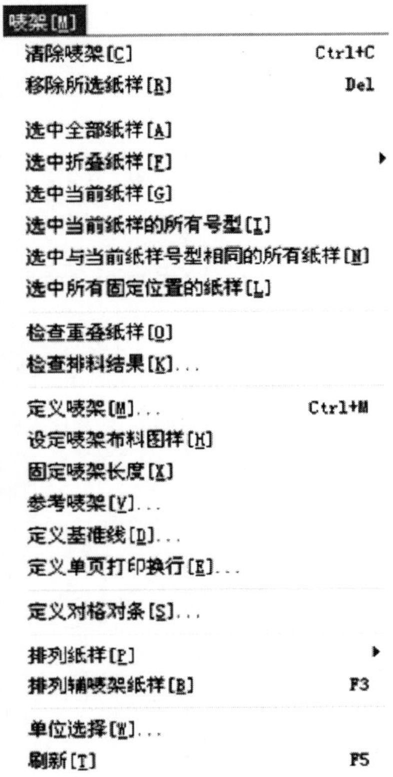　　　　　　　　　图 2-24　唛架菜单

表 2-19　唛架菜单工具功能介绍

序　号	名　　称	快捷键	功　　能
1	选中全部纸样		用该命令可将唛架区的纸样全部选中
2	选中折叠纸样		①将折叠在唛架上端的纸样全部选中 ②将折叠在唛架下端的纸样全部选中 ③将折叠在唛架左端的纸样全部选中 ④将所有折叠纸样全部选中
3	选中当前纸样		将当前选中纸样的号型全部纸样选中
4	选中当前纸样的所有号型		将当前选中纸样所有号型的全部纸样选中
5	选中与当前纸样号型相同的所有纸样		将当前选中纸样号型相同的全部纸样选中
6	选中所有固定位置的纸样		将所有固定位置的纸样全部选中
7	检查重叠纸样		检查重叠纸样
8	检查排料结果		当纸样被放置在唛架上，可用此命令检查排料结果。你可以用排料结果检查对话框检查已完成套数、未完成套数及重叠纸样。还可了解原定单套数、每套纸样数、不成套纸样数等

续表

序　号	名　　称	快捷键	功　　能
9	设定唛架布料图样		显示唛架布料图样
10	固定唛架长度		以所排唛架的实际长度固定【唛架设定】中的唛架长度
11	定义基准线		在唛架上作标记线，排料时可以做参考，标示排料的对齐线，把纸样向各个方向移动时，可以使纸样以该线对齐；也可以在排好的对条格唛架上，确定下针的位置。并且在小型打印机上可以打印基准线在唛架上位置及间距
12	定义单页打印换行		用于设定打印机打印唛架时分行的位置及上下唛架之间的间距
13	定义条格对条		用于设定布料条格间隔尺寸、设定对格标记及标记对应纸样的位置
14	排列纸样		可以将唛架上的纸样以各种形式对齐
15	排列辅唛架纸样	F3	将辅唛架的纸样重新按号型排列
16	刷新	F5	用于清除在程序运行过程中出现的残留点，这些点会影响显示的整洁，因此，必须及时清除

8. 选项菜单（快捷键O）（图2-25）

图2-25　选项菜单

选项菜单包括了一些常用的开 / 关命令。其中【参数设定】、【旋转限定】、【翻转限定】、【颜色】、【字体】这几个命令在工具匣都有对应的快捷图标。

9. 选项菜单工具功能介绍（表 2-20）

表 2-20　选项菜单工具功能介绍

序　号	名　　称	功　　能
1	对格对条	此命令是开关命令，用于条格、印花等图案的布料的对位
2	显示条格	单击【选项】菜单→【显示条格】，勾选该选项则显示条格；反之，则不显示
3	显示基准线	用于在定义基准线后控制其显示与否
4	显示唛架文字	用于在定义唛架文字后控制其显示与否
5	显示唛架布料图样	用于在定义唛架布料图样后控制其显示与否
6	显示纸样布料图样	用于在定义纸样布料图样后控制其显示与否
7	在唛架上显示纸样	决定将纸样上的指定信息显示在屏幕上或随档案输出
8	工具匣	用于控制工具匣的显示与否
9	自动存盘	按设定时间、设定路径、文件名存储文档，以免出现停电等造成丢失文件的意外情况
10	自定义工具匣	添加自定义工具

10. 排料菜单（快捷键 N）（图 2-26）

排料菜单包括与自动排料相关的一些命令。

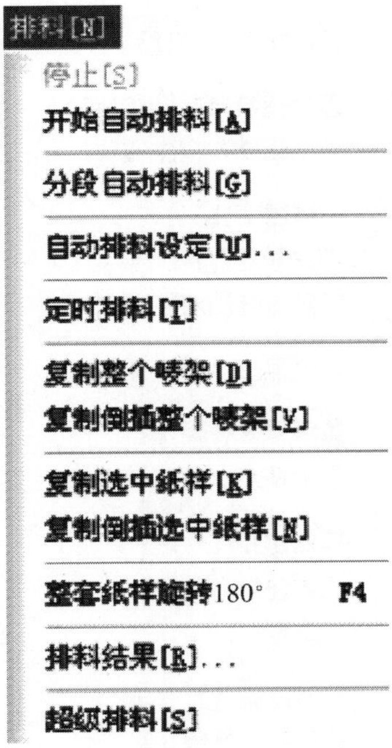

图 2-26　排料菜单

11. 排料菜单工具功能介绍（表2-21）

表2-21　排料菜单工具功能介绍

序　号	名　　称	快捷键	功　　能
1	停止		用来停止自动排料程序
2	开始自动排料		开始进行自动排料指令
3	分段自动排料		用于排切割机唛架图时，自动按纸张大小分段排料
4	自动排料设定		用来设定自动排料程序的【速度】。在自动排料开始之前，根据需要在此对自动排料速度做出选择
5	定时排料		可以设定排料用时、利用率，系统会在指定时间内自动排出利用率最高的一床唛架，如果排的利用率比设定的高就显示
6	复制整个唛架		手动排料时，某些纸样已手动排好一部分，而其剩余部分纸样想参照已排部分进行排料时，可以用该命令，剩余部分就按照其已排的纸样的位置进行排放
7	复制倒插整个唛架		使未放置的纸样参照已排好唛架的排放方式排放并且旋转180°
8	复制选中纸样		使选中纸样的剩余部分，参照已排好的纸样的排放方式排放
9	复制倒插选中纸样		使选中纸样剩余的部分，参照已排好的纸样的排放方式，旋转180°排放
10	整套纸样旋转180°	F4	使选中纸样的整套纸样做180°旋转
11	排料结果		报告最终的布料利用率、完成套数、层数、尺码、总裁片数和所在的纸样档案
12	超级排料		在一个排料界面中排队超排

12. 裁床菜单（快捷键C）（图2-27）

（1）裁剪次序设定：用于设定自动裁剪纸样时的顺序。

（2）自动生成裁剪次序：手动编辑过裁剪顺序，用该命令可重新生成裁剪次序。

13. 计算菜单（快捷键L）（图2-28）

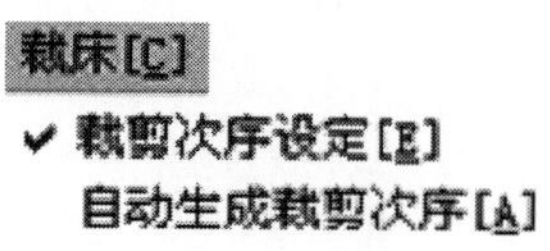

图 2-27　裁床菜单 　　　　　　　　图 2-28　计算菜单

14. 计算菜单工具功能介绍（表2-22）

表2-22　计算菜单工具功能介绍

序号	名称	功　　能
1	计算布料重量	用于计算所用布料的重量
2	利用率和唛架长	根据所需利用率计算唛架长

15. 制帽菜单（快捷键K）（图 2-29）

16. 制帽菜单工具功能介绍（表 2-23）

表 2-23　制帽菜单工具功能介绍

序　号	名　称	功　能
1	设定参数	用于设定刀模排板时刀模的排刀方式及其数量、布种等
2	估算用料	单击菜单【制帽】→【估算用料】，弹出【估料】对话框，在对话框内单击【设置】，可设定单位及损耗量。完成后单击【计算】可算出各号型的纸样用布量
3	排料	用刀模裁剪时，对所有纸样统一排料

17. 系统设置（图 2-30）

18. 系统设置工具功能介绍（表 2-24）

表 2-24　系统设置工具功能介绍

序　号	名　称	功　能
1	语言	切换不同的语言版本。如简体中文版转换繁体中文版、英文版、泰语、西班牙语、韩语等
2	记住对话框的位置	勾选可记忆上次对话框位置，再次打开对话框在前次关闭时的位置

19. 帮助菜单（快捷键H）（图 2-31）

图 2-29　制帽菜单　　　　图 2-30　系统设置　　　　图 2-31　帮助菜单

20. 帮助菜单工具功能介绍（表 2-25）

表 2-25　帮助菜单工具功能介绍

序号	名称	功　能
1	帮助主题	要帮助的工具名称
2	使用帮助	使用帮助服务
3	关于本系统	用于查看应用程版本、VID、版权等相关信息

第三节 常用工具操作方法介绍

为了方便读者快速掌握富怡服装 CAD 制板的操作方法，本节将富怡服装 CAD 软件最常用的工具操作方法进行细部讲解。

一、纸样设计常用工具操作方法介绍

1. ✎ 智能笔（快捷键 F）

（1）单击左键，进入【画线】工具（图 2-32）。

① 在空白处或关键点或交点或线上单击，进入画线操作。

② 光标移至关键点或交点上，按 Enter 键，以该点作偏移，进入画线类操作。

③ 在确定第一个点后，单击右键切换丁字尺（水平、垂直、45°线）、任意直线。用 Shift 键切换折线与曲线。

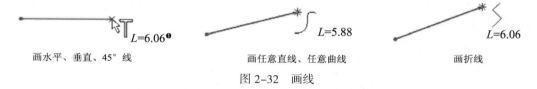

画水平、垂直、45°线　　　　画任意直线、任意曲线　　　　画折线

图 2-32 画线

（2）按下 Shift 键，单击左键则进入【矩形】工具（常用于从可见点开始画矩形的情况）。

（3）单击右键（图 2-33）。

① 在线上单击右键则进入【调整工具】。

② 按下 Shift 键，在线上单击右键则进入【调整曲线长度】。在线的中间击右键为两端不变，调整曲线长度。如果在线的一端击右键，则在这一端调整线的长度（图 2-33）。

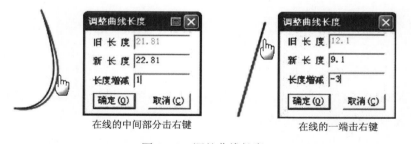

在线的中间部分击右键　　　　　在线的一端击右键

图 2-33 调整曲线长度

（4）左键框选。

① 用左键框住两条线后单击右键，为【角连接】功能（图 2-34）。

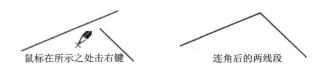

鼠标在所示之处击右键　　　　　　连角后的两线段

图 2-34　角连接线段

②用左键框选四条线后，单击右键则为【加省山】。说明：在省的哪一侧击右键，省山就向哪一侧倒（图 2-35）。

选中四条线后　　　在省的左侧击右键　　　在省的右侧击右键

图 2-35　加省山

③用左键框选一条或多条线后，再按 Delete 键，则删除所选的线。

④用左键框选一条或多条线后，在另外一条线上单击左键，则进入【靠边】功能。在需要线的一边击右键，为【单向靠边】；如果在另外的两条线上单击左键，为【双向靠边】（图 2-36）。

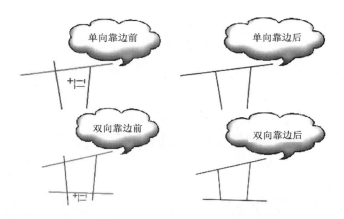

单向靠边前　　　　　单向靠边后

双向靠边前　　　　　双向靠边后

图 2-36　单向靠边与双向靠边

⑤左键在空白处框选，进入【矩形】工具。

⑥按下 Shift 键，用左键框选一条或多条线后，单击右键为【移动（复制）】功能，用 Shift 键切换复制或移动；按住 Ctrl 键，为任意方向移动或复制。

⑦按下 Shift 键，用左键框选一条或多条线后，单击左键选择线则进入【转省】功能。

（5）右键框选。

①右键框选一条线，进入【剪断（连接）线】功能。

②按下 Shift 键，右键框选一条线，进入【收省】功能。

（6）左键拖拉。

① 在空白处，用左键拖拉进入【画矩形】功能。

② 左键拖拉线进入【不相交等距线】功能（图2-37）。

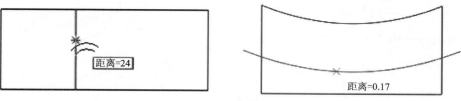

图2-37　不相交等距线

③ 在关键点上按下左键，拖动到一条线上放开进入【单圆规】功能（图2-38）。

④ 在关键点上按下左键，拖动到另一个点上放开进入【双圆规】（图2-39）。

⑤ 按下Shift键，左键拖拉线则进入【相交等距线】功能，再分别单击相交的两边（图2-40）。

⑥ 按下Shift键，左键拖拉选中两点则进入【三角板】功能，再点击另外一点，拖动鼠标，作选中线的平行线或垂直线（图2-41）。

（7）右键拖拉。

① 在关键点上，右键拖拉进入【水平垂直线】功能，右键可以切换方向（图2-42）。

② 按下Shift键，在关键点上，右键拖拉点进入【偏移点/偏移线】（用右键切换保留点/线）（图2-43）。

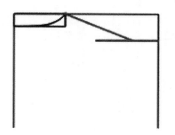

图2-38　单圆规

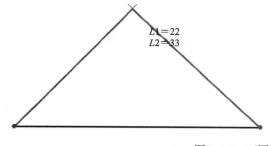

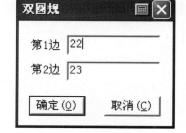

图2-39　双圆规

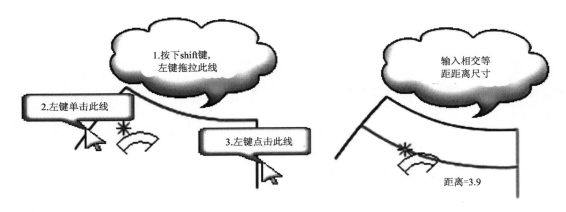

图 2-40　相交等距线

图 2-41　三角板功能画平行线或垂直线

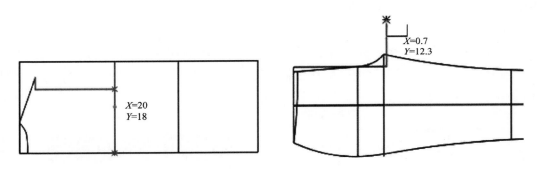

图 2-42　水平垂直线

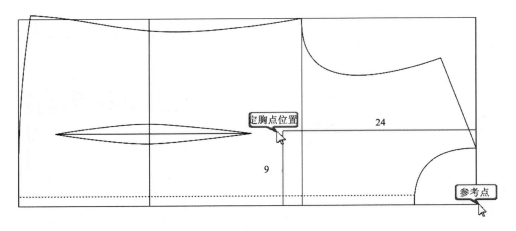

图 2-43　偏移点 / 偏移线

（8）【Enter】键：取【偏移点】。

2. 调整工具（快捷键 A）

（1）调整单个控制点。

① 用该工具在曲线上单击，线被选中，单击线上的控制点，拖动至满意的位置，单击即可。当显示弦高线时，此时按小键盘数字键可改变弦的等分数，移动控制点可调整至弦高线上，光标上的数据为曲线长和调整点的弦高（显示 / 隐藏弦高：Ctrl+H）（图 2-44）。

图 2-44　调整单个控制点

② 定量调整控制点：用该工具选中线段后，把光标移在控制点上，按 Enter 键（图 2-45）。

图 2-45　定量调整控制点

③ 在线上增加控制点、删除曲线或折线上的控制点：单击曲线或折线，使其处于选中状态，在没点的位置用左键单击为加点（或按 Insert 键），或把光标移至曲线点上，按 Insert 键可使控制点可见；在有点的位置单击右键为删除（或按 Delete 键）（图 2-46）。

图 2-46　删除曲线上的控制点

④ 在选中线的状态下，把光标移至控制点上按 Shift 键可在曲线点与转折点之间切换。在曲线与折线的转折点上，如果把光标移在转折点上单击鼠标右键，曲线与直线的相交处自动顺滑，在此转折点上如果按 Ctrl 键，可拉出一条控制线，可使得曲线与直线的相交处顺滑相切（图 2-47）。

⑤ 用该工具在曲线上单击，线段被选中，按小键盘的数字键，可更改线段上的控制点个数（图 2-48）。

（2）调整多个控制点。

① 按比例调整多个控制点。

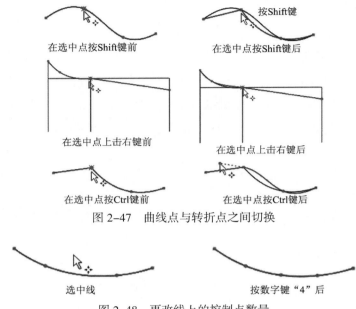

图 2-47 曲线点与转折点之间切换

图 2-48 更改线上的控制点数量

a. 调整点 C 时，点 A、点 B 按比例调整，如图 2-49（1）所示。

b. 如果在结构线上调整，先把光标移在线上，拖选 AC，光标变为平行拖动 ，如图 2-49（2）所示。

c. 按 Shift 键切换成按比例调整光标 ，单击点 C 并拖动，弹出【比例调整】对话框。如果目标点是关键点，直接把点 C 拖至关键点即可；如果需在水平、垂直或在 45° 方向上调整，按住 Shift 键即可，如图 2-49（3）所示。

d. 输入调整量，点击【确定】即可，如图 2-49（4）所示。

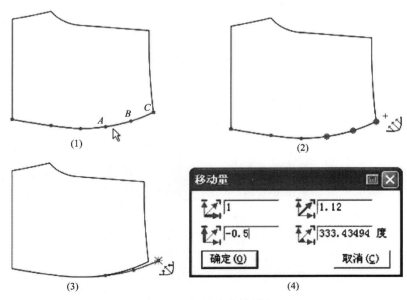

图 2-49 调整多个控制点

e.在纸样上按比例调整时，让控制点显示，操作方法与在结构线上类似（图2-50）。

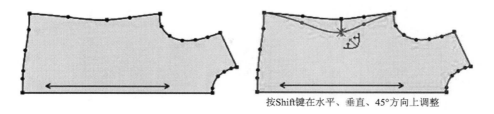

按Shift键在水平、垂直、45°方向上调整

图2-50　水平垂直45°方向调整纸样

②平行调整多个控制点。拖选需要调整的点，光标变成 平行拖动，单击其中的一点拖动，进入平衡调整功能,弹出【移动量】对话框,输入适当的数值,确定即可（图2-51）。

注意:平行调整、比例调整的时候，若未勾选【选项】菜单中的"启用点偏移对话框"，那么【移动量】对话框不再弹出。

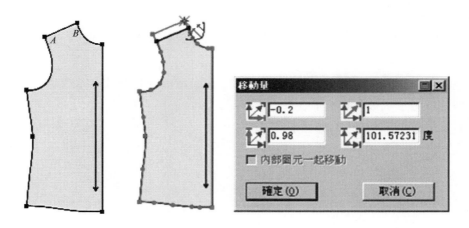

图2-51　平行调整多个控制点

③移动框内所有控制点。左键框选按Enter键，会显示控制点，在【偏移】对话框输入数据，这些控制点都偏移（图2-52）。

注意：第一次框选为选中，再次框选为非选中。

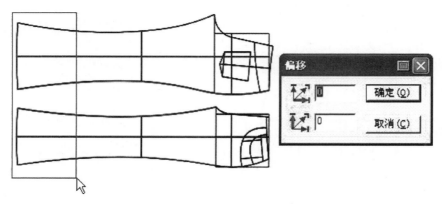

图2-52　移动框内所有控制点

④ 只移动选中的所有线段。右键框选线按 Enter 键,输入数据,点击"确定"即可(图 2-53)。

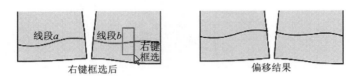

图 2-53 只移动选中的所有线

(3)修改钻孔(眼位或省褶)的属性及个数。用该工具在钻孔(眼位或省褶)上单击左键,可调整钻孔(眼位或省褶)的位置。单击右键,会弹出钻孔(眼位或省褶)的属性对话框,修改其中参数。

3. 合并调整(快捷键 N)

(1)如图 2-54(1)所示,用鼠标左键依次点选或框选要圆顺处理的曲线 a、b、c、d,单击右键。

(2)再依次点选或框选与曲线连接的线 1、线 2、线 3、线 4、线 5、线 6,单击右键,弹出对话框。

(3)如图 2-54(2)所示,袖窿拼在一起,用左键可调整曲线上的控制点。如果调整公共点按 Shift 键,则该点在水平垂直方向移动,如图 2-54(3)所示。

(4)调整满意后,单击右键(图 2-54)。

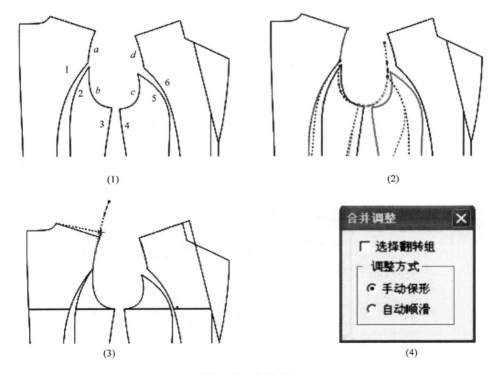

图 2-54 合并调整

（5）前、后裆弧线为同边时,则勾选"选择翻转组"选项再选线,线会自动翻转（图2–55）。

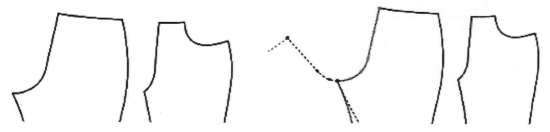

图 2–55 选择翻转组

4. ✍ 对称调整（快捷键 M）

（1）单击或框选对称轴（或单击对称轴的起止点）。

（2）再框选或者单击要对称调整的线,单击右键。

（3）用该工具单击要调整的线,再单击线上的点,拖动到适当位置后单击。

（4）调整完所需线段后,单击右键结束（图2–56）。

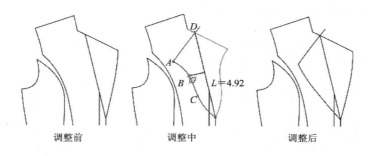

调整前　　　　　　调整中　　　　　　调整后

图 2–56 对称调整

5. ✂ 剪断线（快捷键 Shift+C）

（1）剪断操作。用该工具在需要剪断的线上单击,线变色,再在非关键上单击,弹出【点的位置】对话框,输入恰当的数值,点击"确定"即可。

如果选中的点是关键点（如等分点、两线交点或线上已有的点）,直接在该位置单击,则不弹出对话框,直接从该点处断开。

（2）连接操作。用该工具框选或分别单击需要连接线,单击右键即可。

6. ✍ 橡皮擦（快捷键 E）

（1）用该工具直接在点、线上单击即可。

（2）如果要擦除集中在一起的点、线,左键框选即可。

7. 📖 收省（图 2–57）

（1）用该工具依次点击收省的边线、省线,弹出【省宽】对话框。

（2）在对话框中,输入省量。

（3）点击"确定"后,移动鼠标,在省倒向的一侧单击左键。

（4）用左键调整省底线,最后击右键完成。

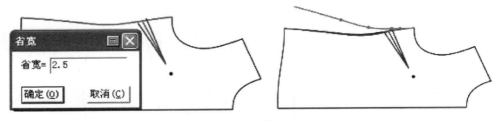

图 2-57 收省

8. ▮ **转省**（图 2-58）

（1）框选所有转移的线，单击新省线（如果有多条新省线，可框选）。单击一条线确定合并省的起始边，或单击关键点作为转省的旋转圆心。

（2）三种方式转省。

① 全部转省：单击合并省的另一边。用左键单击另一边，转省后两省长相等；如果用右键单击另一边，则新省尖位置不会改变。

② 部分转省：按住 Ctrl 键，单击合并省的另一边。用左键单击另一边，转省后两省长相等；如果用右键单击另一边，则新省尖位置不会改变。

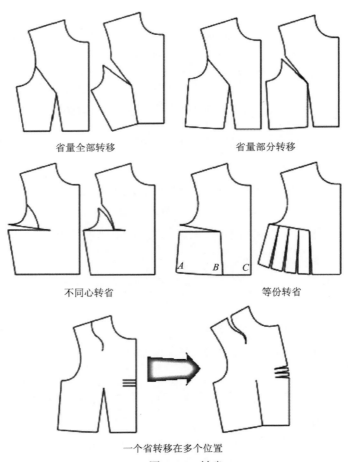

省量全部转移　　　　　　省量部分转移

不同心转省　　　　　　　等份转省

一个省转移在多个位置

图 2-58 转省

③ 等份转省：输入数字为等分转省，再击合并省的另一边。用左键单击另一边，转省后两省长相等；如果用右键单击另一边，则不修改省尖位置。

9. 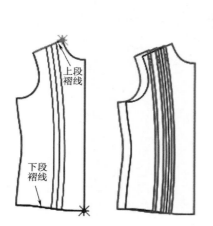 褶展开（图 2-59）

（1）用该工具单击 / 框选操作线，按右键结束。

（2）单击上段线，如有多条则框选，并按右键结束（操作时要靠近固定的一侧，系统会有提示）。

（3）单击下段线，如有多条则框选，并按右键结束（操作时要靠近固定的一侧，系统会有提示）。

（4）单击 / 框选展开线，击右键，弹出【刀褶 / 工字褶展开】对话框（可以不选择展开线，需要在对话框中输入插入褶的数量）。

（5）在弹出的对话框中输入数据，单击"确定"结束。

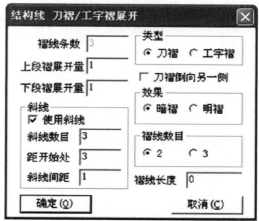

图 2-59　褶展开

10. 比较长度（快捷键 R）

选线的方式有点选（在线上用左键单击）、框选（在线上用左键框选）、拖选（单击线段起点按住鼠标不放，拖动至另一个点）三种方式。

（1）测量一段线的长度或多段线之和。

① 选择该工具，弹出【长度比较】对话框。

② 在长度、水平 X[1]、垂直 Y[2] 选择需要的选项。

③ 选择需要测量的线，长度即可显示在表中。

（2）比较多段线的差值。如比较袖山弧长与前后袖窿的差值（图 2-60）。

① 选择该工具，弹出【长度比较】对话框，选择"长度"选项。

② 单击或框选袖山曲线击右键，再单击或框选前后袖窿曲线，表中"L"为容量。

---

❶　X 应为 x 轴，为了和软件中的正体一致，本书保留软件中字体。

❷　Y 应为 y 轴，为了和软件中的正体一致，本书保留软件中字体。

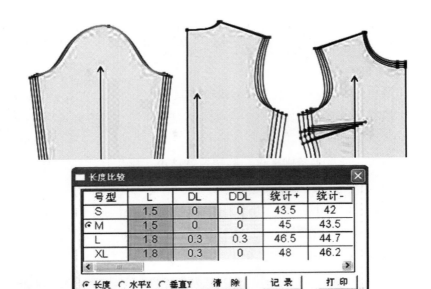

图 2-60　比较长度的差值

11. ◩ 旋转（快捷键 Ctrl+B）（图 2-61）

（1）单击或框选旋转的点、线，单击右键。

（2）单击一点，以该点为轴心点，再单击任意点为参考点，拖动鼠标旋转到目标位置。

（3）旋转复制与旋转用 Shift 键来切换（图 2-61）。

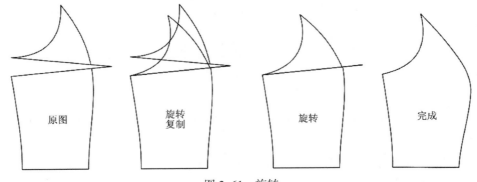

图 2-61　旋转

12. ⋀ 对称（快捷键 K）

（1）该工具可以线单击两点或在空白处单击两点，作为对称轴。

（2）框选或单击所需复制的点线或纸样，单击右键完成。

（3）对称复制与对称用 Shift 键来切换。

13. 品 移动（快捷键 G）（图 2-62）

（1）用该工具框选或点选需要复制或移动的点线，单击右键。

（2）单击任意一个参考点，拖动到目标位置后单击即可。

（3）单击任意参考点后，单击右键，选中的线在水平方向或垂直方向上镜像。

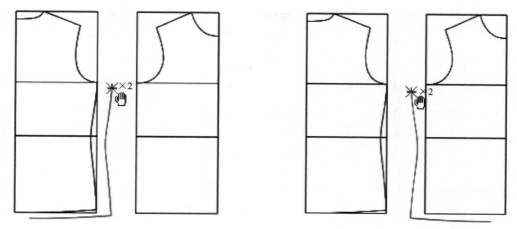

图 2-62　移动

（4）移动复制与移动用 Shift 键来切换。

14.　对接（快捷键 J）（图 2-63）

（1）用该工具让光标靠近领宽点单击后片肩斜线。

（2）再单击前片肩斜线，光标靠近领宽点，单击右键。

（3）框选或单击后片需要对接的点线，最后单击右键完成。

（4）对接复制与对接用 Shift 键来切换。

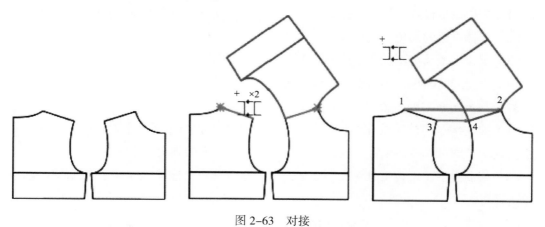

图 2-63　对接

15.　剪刀（快捷键 W）（图 2-64）

（1）用该工具单击或框选围成纸样的线，最后单击右键，系统按最大区域形成纸样。

（2）按住 Shift 键，用该工具单击形成纸样的区域，则有颜色填充，可连续单击多个区域，最后单击右键完成。

（3）用该工具单击线的某端点，按一个方向单击轮廓线，直至形成闭合的图形。拾取时如果后面的线变成绿色，单击右键则可将后面的线一起选中，完成拾样。

（4）单击线、框选线，按住 Shift 键单击区域填色，第一次操作为选中，再次操作为取消选中。三种操作方法都是在最后单击右键形成纸样，工具即可变成衣片辅助线工具。

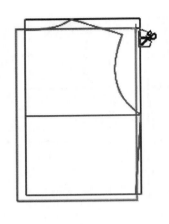  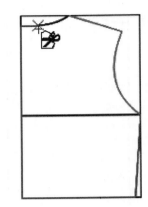

图 2-64　拾取纸样

（5）衣片辅助线。

① 选择剪刀工具，单击右键光标变成 ⁺▯。

② 单击纸样，相对应的结构线变蓝色。

③ 用该工具单击或框选所需线段，单击右键即可。

④ 如果希望将边界外的线拾取为辅助线，那么直线点选两个点在曲线上点击三个点来确定。

16. ▦ **设置线的颜色线型**

（1）选中线型设置工具，快捷工具栏右侧会弹出颜色、线类型及切割画的选择框。

（2）选择合适的颜色、线型等。

（3）设置线型及切割状态，用左键单击线或左键框选线。

（4）设置线的颜色，用右键单击线或右键框选线。

17. **T 加文字**（图 2-65）

（1）加文字。用该工具在结构图上或纸样上单击，弹出【文字】对话框；输入文字，单击"确定"即可。按住鼠标左键拖动，根据所画线的方向确定文字的角度。

（2）移动文字。用该工具在文字上单击，文字被选中，拖动鼠标移至恰当的位置，再次单击即可。

（3）修改或删除文字，有两种操作方式。

① 把该工具光标移在需修改的文字上，当文字变亮后单击右键，弹出【文字】对话框，修改或删除后，单击"确定"即可。

② 把该工具移在文字上，字发亮后，按 Enter 键，弹出【文字】对话框，选中需修改的文字输入正确的信息即可被修改，按键盘 Delete 键，即可删除文字，按方向键可移动文字位置。

（4）不同号型上加不一样的文字。

① 用该工具在纸样上单击，在弹出的【文字】对话框输入"抽橡筋 6cm"。

② 单击"各码不同"按钮，在弹出的【各码不同】对话框中，把 L 码、XL 码中的文

字串改成"抽橡筋 8cm"。

③ 点击"确定"，返回【文字】对话框，再次"确定"即可。

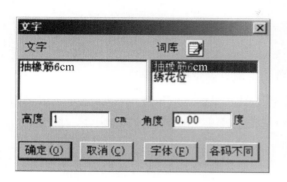
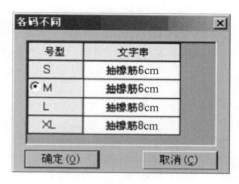

图 2-65　加文字对话框

二、放码常用工具操作方法介绍

1. 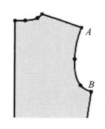 选择纸样控制点

（1）选中纸样：用该工具在纸样单击即可，如果要同时选中多个纸样，只要框选各纸样的一个放码点即可。

（2）选中纸样边上的点。

① 选单个放码点，用该工具在放码点上用左键单击或用左键框选。

② 选多个放码点，用该工具在放码点上框选或按住 Ctrl 键在放码点上一个一个单击。

③ 选单个非放码点，用该工具在点上用左键单击。

④ 选多个非放码点，按住 Ctrl 键在非放码点上一个一个单击。

⑤ 按住 Ctrl 键时，第一次在点上单击为选中，再次单击为取消选中。

⑥ 同时取消选中点，按 ESC 键或用该工具在空白处单击。

⑦ 选中一个纸样上的相邻点，如下图示选袖窿，用该工具在点 A 上按下鼠标左键拖至点 B 再松手（图 2-66）。

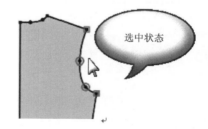

图 2-66　选择纸样控制点

（3）辅助线上的放码点与边线上的放码点重合时。

① 用该工具在重合点上单击，选中的为边线点。

② 在重合点上框选，边线放码点与辅助线放码点全部选中。

③ 按住 Shift 键，在重合位置单击或框选，选中的是辅助线放码点。

（4）修改点的属性：在需要修改的点上双击，会弹出【点属性】对话框，如图 2-67 所示，修改之后单击"采用"即可；如果选中的是多个点，按 Enter 键即可弹出对话框。

2. 📁 加缝份

（1）衣片所有边加（修改）相同缝份：用该工具在任一纸样的边线点单击，在弹出【衣片缝份】的对话框中输入缝份量，选择适当的选项，确定即可（图 2-67）。

（2）边线上加（修改）相同缝份量：用该工具同时框选或单独框选加相同缝份的线段，单击右键弹出【加缝份】对话框，输入缝份量，选择适当的切角，确定即可（图 2-68）。

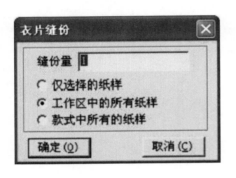

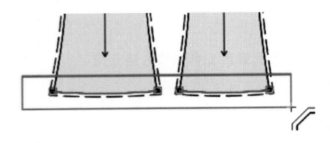

图 2-67 【衣片缝份】的对话框   图 2-68 修改相同缝份量

（3）缝份量，再单击纸样边线修改（加）缝份量：选中加缝份工具后，敲数字键后按 Enter 键，再用鼠标在纸样边线上单击，缝份量即被更改（图 2-69）。

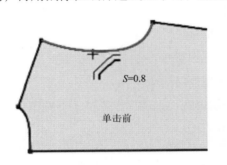

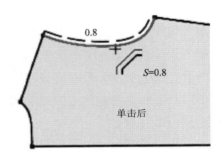

图 2-69 缝份量

（4）加缝份量：用加缝份工具在纸样边线上单击，在弹出的【加缝份】对话框中输入缝份量，确定即可。

（5）选边线点加（修改）缝份量：用加缝份工具在 1 点上按住鼠标左键拖至 3 点上松手，在弹出的【加缝份】对话框中输入缝份量，确定即可（图 2-70）。

（6）改单个角的缝份切角：用该工具在需要修改的点上单击右键，会弹出【拐角缝份类型】对话框，选择所需的切角类型，确定即可（图 2-71）。

（7）修改两边线等长的切角：选中该工具的状态下按 Shift 键，光标变为 前后，分别在靠近切角的两边上单击即可（图 2-72）。

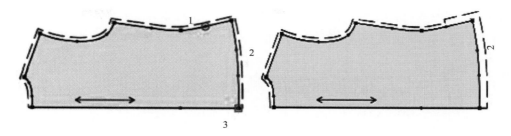

图 2-70　选边线点加（修改）缝份量

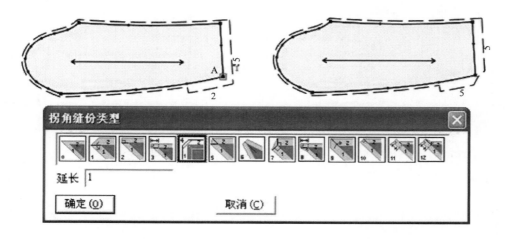

图 2-71　改单个角的缝份切角

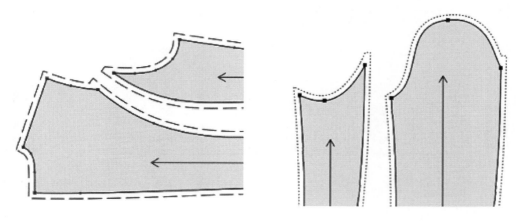

图 2-72　改两边线等长的切角

3. 剪口（图 2-73）

（1）在控制点上加剪口。用该工具在控制点上单击即可。

（2）在一条线上加剪口。用该工具单击线或框选线，弹出【剪口】对话框，选择适当的选项，输入合适的数值，点击"确定"即可。

（3）在多条线上同时等距加等距剪口。用该工具在需加剪口的线上框选后再击右键，弹出【剪口】对话框，选择适当的选项，输入合适的数值，点击"确定"即可。

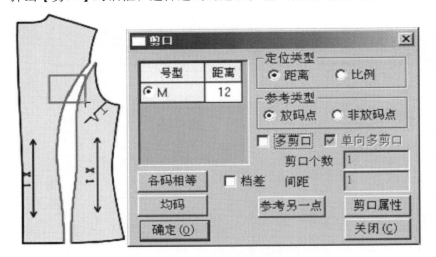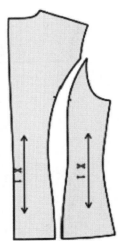

图 2-73　纸样加剪口

（4）在两点间等份加剪口。用该工具拖选两个点，弹出【比例剪口，等分剪口】对话框，选择等分剪口，输入等分数目，确定即可在选中线段上平均加剪口（图 2-74）。

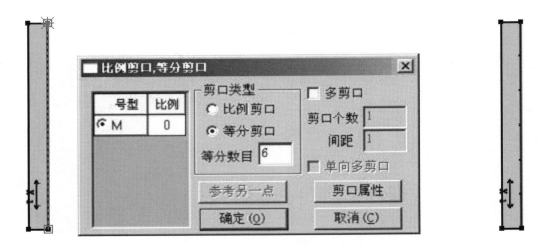

图 2-74　比例剪口、等分剪口

（5）拐角剪口。

①用 Shift 键把光标切换为拐角光标，单击纸样上的拐角点，在弹出的对话框中输入正常缝份量，确定后缝份不等于正常缝份量的拐角处都统一加上拐角剪口。

②框选拐角点即可在拐角点处加上拐角剪口，可同时在多个拐角处同时加拐角剪口（图 2-75）。

③框选或单击线的"中部"，在线的两端自动添加剪口；如果框选或单击线的一端，在线的一端添加剪口（图 2-76）。

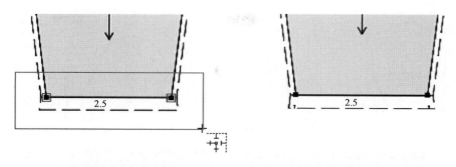

图 2-75　拐角剪口

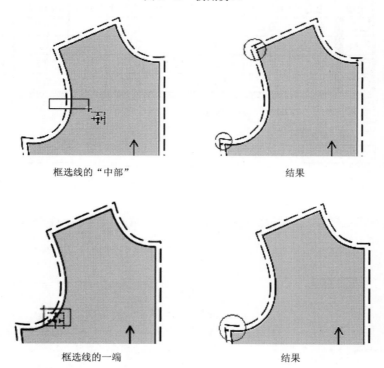

框选线的"中部"　　　　　　　　　　　结果

框选线的一端　　　　　　　　　　　　结果

图 2-76　两端自动添加剪口

4. 袖对刀（图 2-77）

（1）依次选前袖窿线、前袖山线、后袖窿线、后袖山线。

（2）用该工具在靠近 A、C 的位置依次单击或框选前袖窿线 AB、CD，单击右键。

（3）再在靠近 $A1$、$C1$ 的位置依次单击或框选前袖山线 $A1B1$、$C1D1$，单击右键。

（4）同样在靠近 E、G 的位置依次单击或框选后袖窿线 EF、GH，单击右键。

（5）再在靠近 $A1$、$F1$ 的位置依次单击或框选后袖山线 $A1E1$、$F1D1$，单击右键，弹出【袖对刀】对话框。

（6）输入恰当的数据，单击"确定"即可。

5. 眼位

（1）根据眼位的个数和距离，系统自动画出眼位的位置。

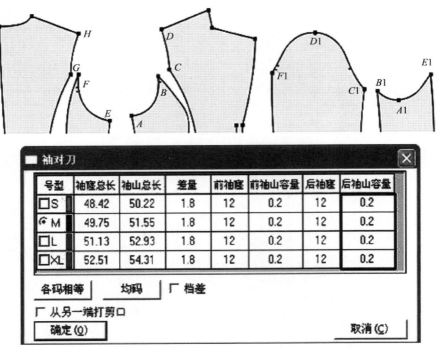

图 2-77　袖对刀

用该工具单击前领深点，弹出【眼位】对话框，输入偏移量、个数及间距，确定即可（图 2-78）。

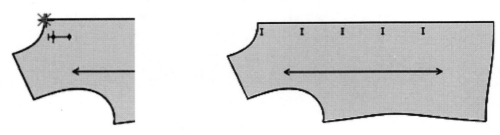

图 2-78　衣片上加眼位

（2）在线上加扣眼，放码时只放辅助线的首尾点即可。操作参考加钻孔。

（3）在不同的码上，加数量不等的扣眼。操作参考加钻孔。

（4）按鼠标移动的方向确定扣眼角度。用该工具选中参考点按住左键拖线，再松手会弹出【加扣眼】对话框（图 2-79）。

图 2-79　领子上加眼位

（5）修改眼位。用该工具在眼位上单击右键，即可弹出【扣眼】对话框，在对话框中根据需要设置即可。

6. ⊞ **钻孔**

（1）根据钻孔（扣位）的个数和距离，系统自动画出钻孔（扣位）的位置。

① 用该工具单击前领深点，弹出【钻孔】对话框。

② 输入偏移量、个数及间距，确定即可（图2-80）。

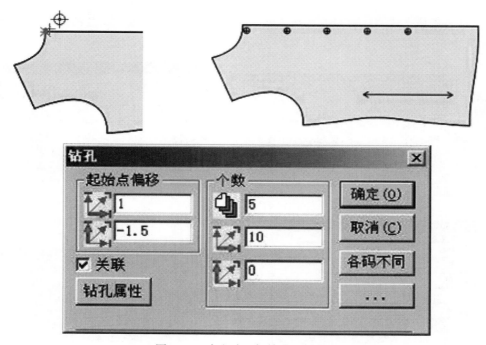

图2-80　在衣片上加钻孔（扣位）

（2）在线上加钻孔（扣位），放码时只放辅助线的首尾点即可。

① 用钻孔工具在线上单击，弹出【钻孔】对话框。

② 输入钻孔的个数及距首尾点的距离，确定即可（图2-81）。

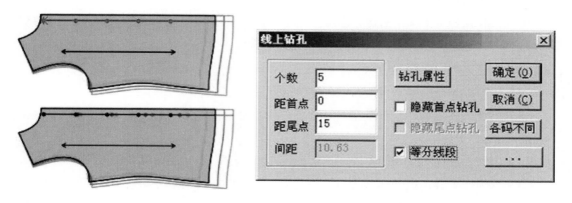

图2-81　在线上加钻孔（扣位）

（3）在不同的码上，加数量不等的扣位。

有在线上加与不在线上加两种情况，下面以在线上加数量不等的扣位为例。在前三个码上加 3 个扣位，最后一个码上加 4 个扣位。

①用加钻孔工具，在如图 2-82（1）所示的辅助线上单击，弹出【线上钻孔】对话框，如图 2-82（2）所示。

②输入扣位的个数中输入 3，单击"各码不同"，弹出【各号型】对话框，如图 2-82（3）所示。

③单击最后一个 XL 码的个数输入 4，点击"确定"，返回【线上钻孔】对话框，再次单击"确定"即可得到如图 2-82（4）所示的图。

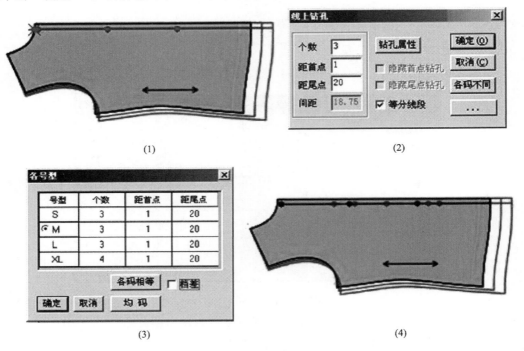

图 2-82　在不同的码上，加数量不等的钻孔（扣位）

（4）修改钻孔（扣位）的属性。

用该工具在扣位上单击右键，即可弹出【属性】对话框，设置后确定即可（图 2-83）。

7. 布纹线

（1）用该工具用左键单击纸样上的两点，布纹线与指定两点平行。

（2）用该工具在纸样上单击右键，布纹线以 45° 来旋转。

（3）用该工具在纸样（不是布纹线）上先用左键单击，再单击右键可任意旋转布纹线的角度。

（4）用该工具在布纹线的"中间"位置用左键单击，拖动鼠标可平移布纹线。

（5）选中该工具，把光标移在布纹线的端点上，再拖动鼠标可调整布纹线的长度。

（6）选中该工具，按住 Shift 键，光标会变成 T，单击右键，布纹线上下的文字信息旋转 90°。

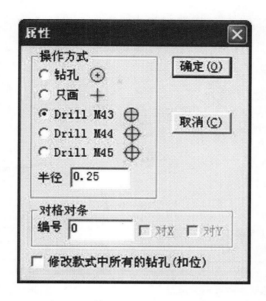

图 2-83 修改钻孔（扣位）的属性

（7）选中该工具，按住 Shift 键，光标会变成 T，在纸样上任意点两点，布纹线上下的文字信息以指定的方向旋转。

8. 旋转衣片

（1）如果布纹线是水平或垂直的，用该工具在纸样上单击右键，纸样按顺时针 90°的旋转。如果布纹线不是水平或垂直，用该工具在纸样上单击右键，纸样旋转在布纹线水平或垂直方向。

（2）用该工具单击左键选中两点，移动鼠标，纸样以选中的两点在水平或垂直方向上旋转。

（3）按住 Ctrl 键，用左键在纸样单击两点，移动鼠标，纸样可随意旋转。

（4）按住 Ctrl 键，在纸样上单击右键，可按指定角度旋转纸样。

（5）注意：旋转纸样时，布纹线与纸样在同步旋转。

9. 水平垂直翻转

（1）水平翻转与垂直翻转之间用 Shift 键切换。

（2）在纸样上直接单击左键即可。

（3）纸样设置了左或右，翻转时会提示"是否翻转该纸样？"，如果真的需要翻转，单击"是"即可。

10. 纸样对称

（1）关联对称纸样。

① 按 Shift 键，使光标切换为 。

② 单击对称轴（前中心线）或分别单击点 A、点 B。

③如果需再返回成原来的纸样，用该工具按住对称轴不松手，敲 Delete 键即可（图 2-84）。

（2）不关联对称纸样。

①按 Shift 键，使光标切换为 ⁺ⓜ。

②单击对称轴（前中心线）或分别单击点 A、点 B（图 2-85）。

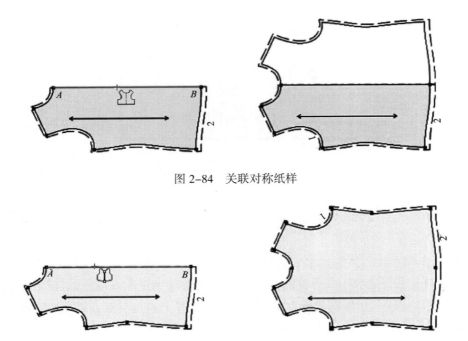

图 2-84　关联对称纸样

图 2-85　不关联对称纸样

第三章　原型法制板技术介绍

全国职业院校技能大赛的中职组服装设计制作竞赛将第八代文化式原型法作为竞赛的制板方法。本章将重点讲解第八代文化式原型制板的方法与技巧。

第一节　第八代文化式女上装原型

文化式女上装新原型也称第八代文化式服装原型，2000 年，日本文化服装学院在第七代服装原型基础上，推出了更加符合年轻女性体型的新原型。新原型结合现代年轻女性人体体型和曲线特征，前、后片的腰节关量明显增大，省量分配更加合理。与人体的间隙量均匀。对体型的覆盖率也有了很大程度的提高。

一、文化式女上装新原型 CAD 制图

1. 制图尺寸表

单位：cm

部位	胸围	背长	腰围	袖长
尺寸	84	38	64	52

2. 文化式女上装新原型 CAD 制图步骤

（1）画矩形（图 3-1）。

选择 ✎ 智能笔工具，在空白处拖定出背长 38cm、胸围 48cm（计算公式：$\dfrac{胸围\,84cm}{2}+6cm$）的矩形。

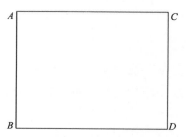

图 3-1　画矩形

（2）画胸围线（图 3-2）。

选择 ✐ 智能笔工具，在 *AB* 线段 20.7cm 处 *E* 点（计算公式：$\dfrac{胸围84cm}{12}+13.7cm$）画一条垂直线相交至 *CD* 线段，交点为 *F*，*EF* 为胸围线。

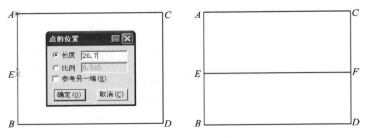

图 3-2　画胸围线

（3）画背宽线（图 3-3）。

选择 ✐ 智能笔工具，在 *EF* 线段 17.9cm 处 *H* 点（计算公式：$\dfrac{胸围84cm}{8}+7.4cm$）画一条垂直线相交至 *AC* 线段，交点为 *G*，作为背宽线。

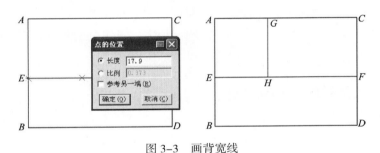

图 3-3　画背宽线

（4）画 *IJ* 线段（图 3-4）。

选择 ✐ 智能笔工具，在 *AE* 线段 8cm 处 *I* 点画一条垂直线相交至 *GH* 线段交点为 *J*。

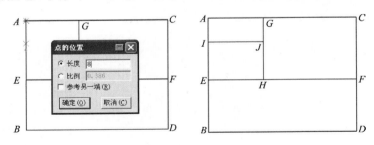

图 3-4　画 *IJ* 线段

（5）确定肩省尖位置（图 3-5）。

将线型改变为虚线 ，选择 ⚌ 等分规工具，将 *IJ* 线段平分两等份；然后选择 ⚌ 点工具在 *IJ* 线段中点按 Enter 键，出现【偏移】对话框，输入横向偏移量 1cm 加点 *K* 作为肩省尖位置。

（6）调整 *CF* 线段（图 3-6）。

选择 ✐ 智能笔工具，按住 Shift 键，右键点击 *CF* 线段上半部分;进入【调整曲线长度】

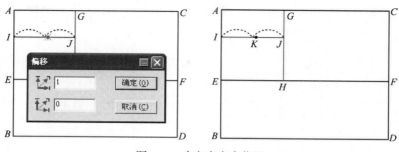

图 3-5　确定肩省尖位置

功能，输入增长量 4.4cm 确定 Z 点（计算公式：$\dfrac{胸围\,84cm}{5}$+8.3cm−20.7cm）。

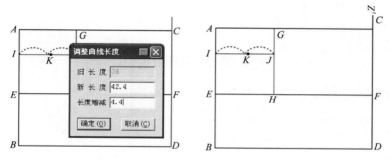

图 3-6　调整 CF 线段

（7）画 ZL 线段（图 3-7）。

选择 🖉 智能笔工具，从 Z 点向左画 16.7cm 直线（计算公式：$\dfrac{胸围\,84cm}{8}$+6.2cm），得到 ZL 线段。

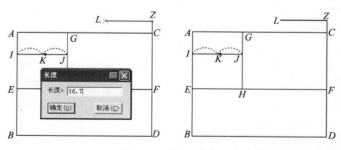

图 3-7　画 ZL 线段

（8）画胸宽线（图 3-8）。

选择 🖉 智能笔工具，从 L 点画一条垂直线与 HF 线段相交于 M 点，作为胸宽线。然后用 🖉 智能笔工具的切角功能把 AG 线段右侧多余部分删除。

（9）确定后袖窿控制点位置（图 3-9）。

将线型改变为虚线 ┌----─┐，选择 🚗 等分规工具，将 JH 线段平分两等份；然后选择 ⚒ 点工具在 JH 线段中点按 Enter 键，出现【偏移】对话框，输入纵向偏移量 −0.5cm 加点 N 作为后袖窿控制点位置。

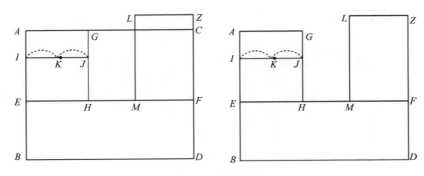

图 3-8　画胸宽线

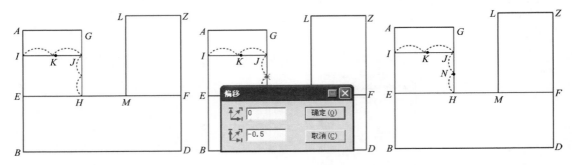

图 3-9　确定后袖窿控制点位置

（10）画 *NO* 线段（图 3-10）。

选择 ✐ 智能笔工具，从 *N* 点画一条垂直线与 *LM* 线段相交于 *N′* 点。选择 ✐ 智能笔工具，在距 *N′* 点 2.6cm 处（计算公式：$\dfrac{胸围\,84cm}{32}$）画一条垂直线与 *HM* 线段相交于 *O* 点。然后用 ✐ 智能笔工具的【切角】功能连接 *NO* 线段并把多余部分删除。

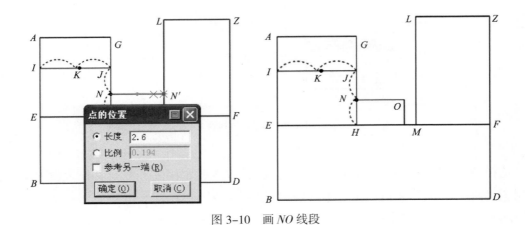

图 3-10　画 *NO* 线段

（11）画侧缝线（图 3-11）。

将线型改变为虚线 ┈┈ ，选择 ⟊ 等分规工具，将 *HM* 线段上的与 *NO* 等长的线段平分两等份；在中点 *P* 画一条垂直线相交至 *BD* 线段 *Q* 点，*PQ* 线段作为侧缝线。

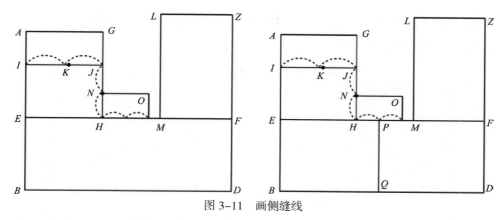

图 3-11　画侧缝线

（12）确定胸点（BP 点）位置（图 3-12）。

将线型改变为虚线 ┊┈┈┈·┊，选择 ⊞ 等分规工具，将 *MF* 线段平分两等份；然后选择 ⟋ 点工具在 *MF* 线段中点按 Enter 键，出现【偏移】对话框，输入横向编移量 −0.7cm 加点 *R* 作为胸点位置。

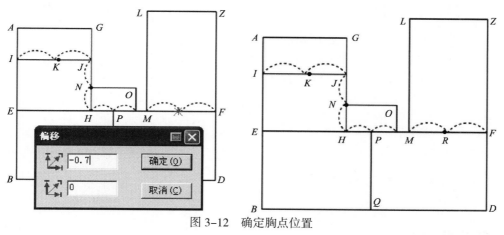

图 3-12　确定胸点位置

（13）画前片领矩形。

① 选择 ✐ 智能笔工具，在 *Z* 线段 6.9cm 处 *S* 点（计算公式：$\dfrac{胸围\ 84cm}{24}+3.4cm$）画一条 7.4cm 长的垂直线 *ST*（计算公式：前横开领宽 6.9cm+0.5cm），如图 3-13 所示。

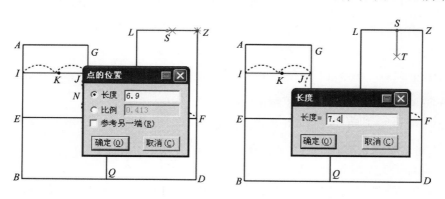

图 3-13　画前直开领线

② 选择 ✎ 智能笔工具从 T 点画对角线至 Z 点。将线型改变为虚线 ⌐-----▾ ，选择 ⌐ 等分规工具，将 TZ 线段平分三等份（图 3-14）。

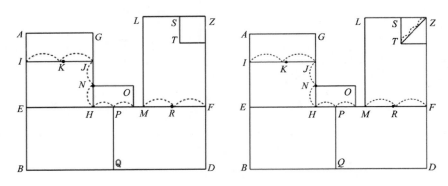

图 3-14　画 TZ 对角线

③ 选择 ⌐ 点工具在 TZ 线段的 $\frac{1}{3}$ 处 0.5cm 处加点，作为画前领弧线的控制点（图 3-15）。

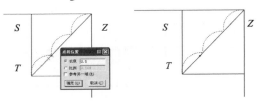

图 3-15　确定前领弧线的控制点

（14）画后片领基础线（图 3-16）。

选择 ✎ 智能笔工具，在 AG 线段 7.1cm 处（计算公式：前横开领宽 6.9cm+0.2cm）画一条垂直线 2.36cm（取后片横开领的 $\frac{1}{3}$）。

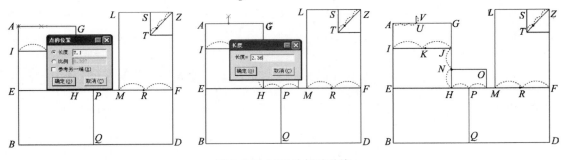

图 3-16　画后片领基础线

（15）画袖窿省（图 3-17）。

① 选择 ✎ 智能笔工具，从 R 点画一条线至 O 点。

② 选择 ⟳ 旋转工具，按住 Shift 键进入【复制旋转】功能，以 R 点为中心，旋转 RO 线段，在【旋转】对话框输入旋转 18.5°　（计算公式：$\frac{胸围84cm}{4}$ –2.5cm）。

（16）画肩缝线（图 3-18）。

① 选择 ⟳ 旋转工具，按住 Shift 键进入【复制旋转】功能，以 S 点为中心，旋转 SL 线段，

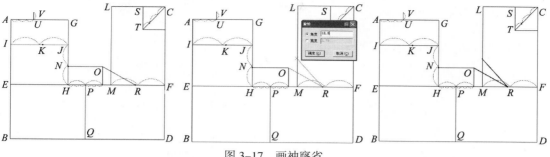

图 3-17 画袖窿省

在【旋转】对话框输入旋转角度 22° 。

② 选择 ✐ 智能笔工具中【单向靠边】功能，将肩缝线靠边到胸宽线。

③ 选择 ✐ 智能笔工具，按住 Shift 键，右键点击肩缝线靠胸宽线的部分，进入【调整曲线长度】功能，输入增长量 1.8cm。

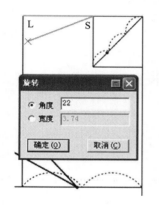

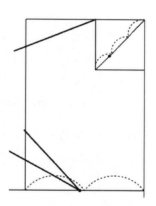

图 3-18 画肩缝线

（17）画前袖窿弧线上段部分和前领弧线（图 3-19）。

① 选择 ✐ 智能笔工具，将前袖窿弧线上段部分相连成一条线，然后用 ▧ 调整工具调顺前袖窿弧线上段部分。

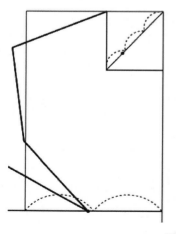
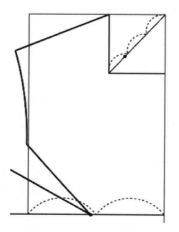
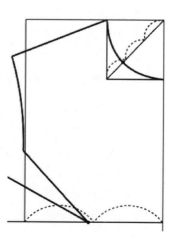

图 3-19 画前袖窿弧线上段部分和前领弧线

② 选择 ✎ 智能笔工具经前领弧控制点相连好前领弧线，然后用 ▧ 调整工具调顺前领弧线。

（18）画后领弧线（图 3-20）。

选择 ✎ 智能笔工具将 A 点与 V 点连成一条线，然后用 ▧ 调整工具调顺后领弧线。

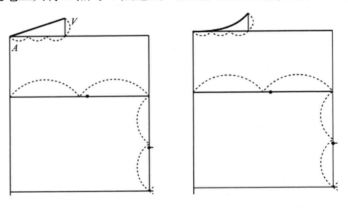

图 3-20　画后领弧线

（19）画后肩缝线（图 3-21）。

① 选择 ✎ 智能笔工具，从后横开领端点（V 点）画一条长 14.19cm（计算公式：前肩线长度 12.37cm+$\dfrac{胸围\ 84cm}{32}$－0.8cm）的水平线。

② 选择 ▧ 旋转工具，按住 Shift 键进入【旋转】功能，将水平线段 AV 进行旋转，在【旋转】对话框输入旋转 18°。

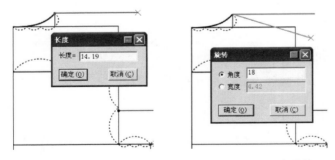 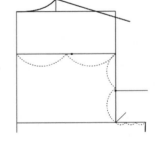

图 3-21　画后肩缝线

（20）画袖窿弧线（图 3-22）。

① 选择 ✎ 智能笔工具，从背宽线与胸围线交点画一条 45° 的对角线，长 2.6cm（$\dfrac{1}{3}$ 等分量 1.8cm+0.8cm）。

② 选择 ✎ 智能笔工具，从胸宽线与胸围线交点画一条 45° 的对角线，长 2.3cm（$\dfrac{1}{3}$ 等分量 1.8cm+0.5cm）。

③ 选择 ✎ 智能笔工具，经控制点画好袖窿弧线，再用 ▧ 调整工具调顺袖窿弧线。

（21）画后肩省（图 3-23）。

① 选择 ✎ 智能笔工具，从后肩省省尖点画一条垂直线超出肩缝线。

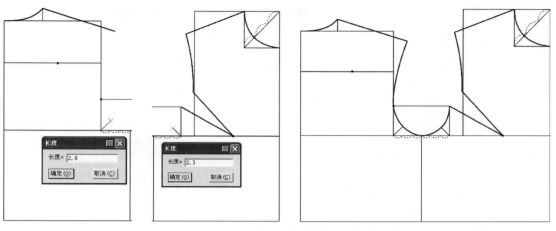

图 3-22　画袖窿弧线

② 选择 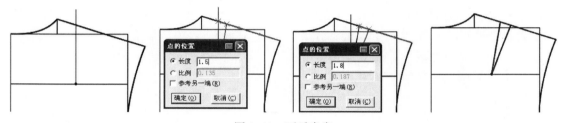 剪断线工具，将肩缝线从垂直线交点处剪断；选择 ✎ 智能笔工具，从肩省省尖点与肩缝线 1.5cm 处画一条线为肩省线。

③ 选择 剪断线工具，将肩缝线在肩省线处剪断；选择 ✎ 智能笔工具，从肩省省尖点与肩缝线 1.8cm 处画一条线为肩省线。

图 3-23　画后肩省

（22）画腰省。

① 选择 ✎ 智能笔工具，从肩省省尖画一条垂直线与腰围线相交，从 BP 点画一条垂直线与腰围线相交；选择 ✎ 智能笔工具，把光标放在后袖窿弧线控制点上按 Enter 键，出现【移动量】对话框，输入横向偏移量 –1cm，然后以此画一条垂直线与腰围线相交（图 3-24）。

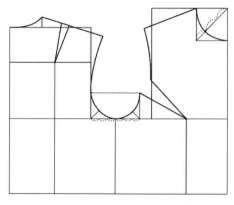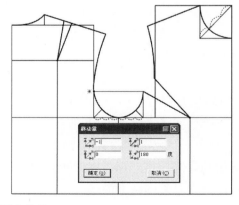

图 3-24　画腰省步骤 1

② 选择 ✐ 智能笔工具，前片胸围线 1.5cm 处画一条垂直线与腰围线相交，选择 ✐ 智能笔工具的【单向靠边移】功能，将垂直线靠边至袖窿省线（图 3-25）。

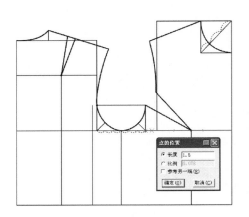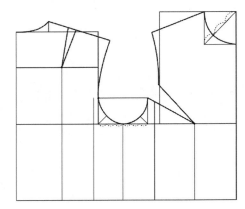

图 3-25　画腰省步骤 2

③ 选择 ✐ 智能笔工具，在腰省省中线距胸围线 3cm 处开始画省线，将光标放在省中线与腰围线交点上按 Enter 键，出现【移动量】对话框，输入横向偏移量 0.88cm（计算方法：12.5cm×7%），然后以此画一条线与腰围线相交。选择 ✐ 智能笔工具，从腰省中线与袖窿省省尖交点开始画省线，将光标放在腰省中线与腰围线交点上按 Enter 键，出现【移动量】对话框，输入横向偏移量 0.94cm（计算方法：12.5cm×7.5%），然后以此画一条线与腰围线相交（图 3-26）。

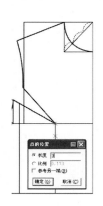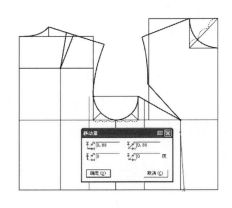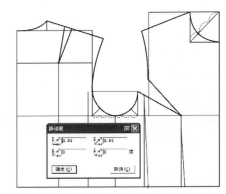

图 3-26　画腰省步骤 3

④ 选择 ✐ 智能笔工具，从后腰省中线与胸围线交点开始画省线，将光标放在后腰省中线与腰围线交点上按 Enter 键，出现【移动量】对话框，输入横向偏移量 0.69cm（计算方法：12.5cm×5.5%），然后以此画一条线与腰围线相交。选择 ✐ 智能笔工具，从省中线顶点开始画省线，将光标放在后腰省中线与腰围线交点上按 Enter 键，出现【移动量】对话框，输入横向偏移量 2.19cm（计算方法：12.5cm×17.5%），然后以此画一条线与腰围线相交（图 3-27）。

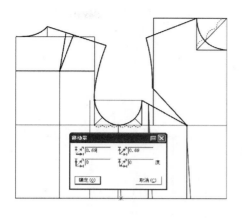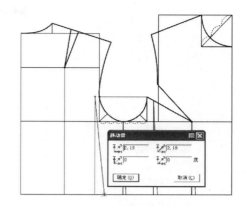

图 3-27　画腰省步骤 4

⑤ 选择 ✎ 智能笔工具中【单向靠边】功能，将后腰省的省中线靠边到胸围线，选择 ✎ 智能笔工具，按住 Shift 键，右键点击省中线上半部分；进入【调整曲线长度】功能，输入增长量 2cm。选择 ✎ 智能笔工具，从省中线顶点开始画省线，将光标放在省中线腰围线交点上按 Enter 键，出现【移动量】对话框，输入横向偏移量 1.13cm（计算方法：12.5cm×9%），然后以此画一条线与腰围线相交（图 3-28）。

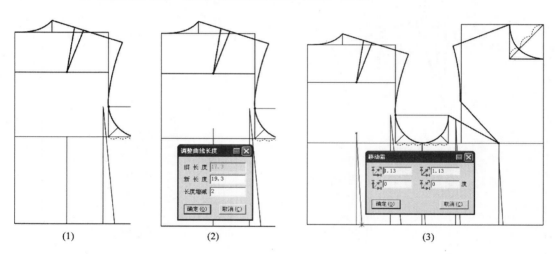

图 3-28　画腰省步骤 5

⑥ 选择 ✎ 智能笔工具，从后直开领端点开始画省线，与腰围线离后中 0.875cm（计算方法：12.5cm×7%）相连为后中省线（图 3-29）。

（23）第八代女装上衣原型完成（图 3-30）。

3. 文化式袖原型 CAD 制图步骤

（1）选择 ✎ 智能笔工具，按住 Shift 键，右键点击侧缝线基础线上半部分，进入【调整曲线长度】功能，输入增长量 22cm（图 3-31）。

（2）转移袖窿省至前中心线（图 3-32）。

① 选择 ✄ 剪断线工具，将前中心线在胸围线交点处剪断。

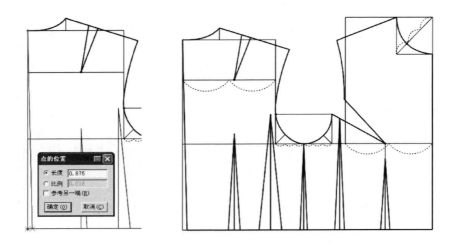

图 3-29　画腰省步骤 6

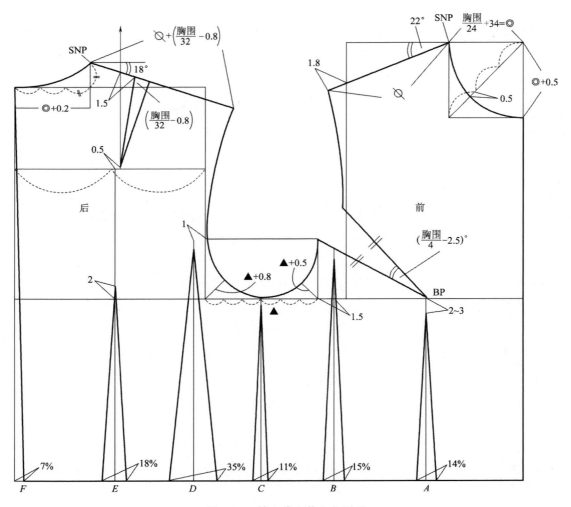

图 3-30　第八代女装上衣原型

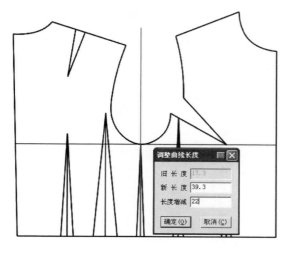

图 3-31　延长侧缝线基础线

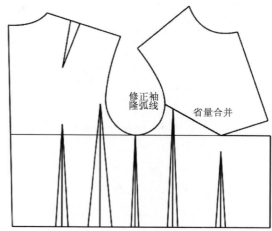

图 3-32　转移袖窿省至前中心线

② 选择 🔁 旋转工具，按住 Shift 键进入【旋转】功能，将袖窿省闭合转移至前中心线。

③ 选择 ✂ 剪断线工具，依次点击前袖窿弧线的两段线，然后按右键结束，将两段线连接成一条线，并选择 ▶ 调整工具调顺前袖窿弧线。

（3）画肩端点平行线（图 3-33）。

① 选择 ✏ 智能笔工具，从后肩端点画一条水平线至侧缝线延长线。

② 选择 ✏ 智能笔工具，从前肩端点画一条水平线超出侧缝线延长线。

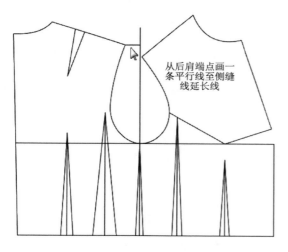

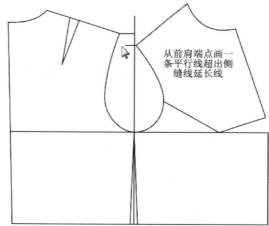

图 3-33　画肩端点平行线

（4）确定袖山高（图 3-34）。

① 选择 📐 等分规工具，将后肩端点至前肩端点的距离分成两等份。

② 选择 📐 等分规工具，将前后肩端点间距的中点至袖窿深点的距离分成六等份。

③ 选取前后肩端点间距的中点至袖窿深点距离的 $\frac{5}{6}$ 为袖山高。

④ 选择 ✏ 智能笔工具，从前后肩端点间距的中点至袖窿深点距离的 $\frac{1}{3}$ 处画一条平行线。

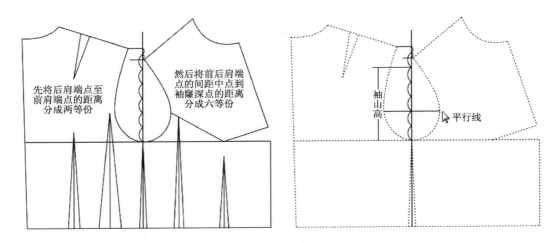

图 3-34　确定袖山高

（5）画袖中线（图 3-35）。

选择 ✐ 智能笔工具，按住 Shift 键，右键点击侧缝线的下半部分；进入【调整曲线长度】功能，输入长度 52cm。

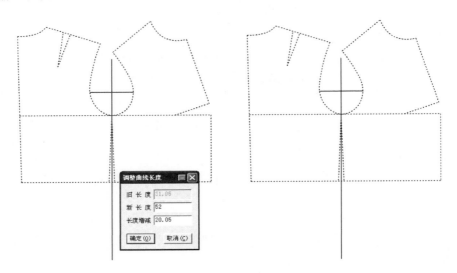

图 3-35　画袖中线

（6）测量前后袖窿弧线长度（图 3-36）。

选择 ✐ 比较长度工具，点击后袖窿弧线测量出长度 21.78cm，选择 ✐ 比较长度工具，点击前袖窿弧线测量出长度 20.81cm。

（7）画袖山斜线（图 3-37）。

选择 Ⓐ 圆规工具，画出前袖山斜线 20.8cm，后袖山斜线 21.7cm。

（8）如图 3-38、图 3-39 所示，确定袖山弧线控制点。

（9）一片袖原型完成（图 3-40）。

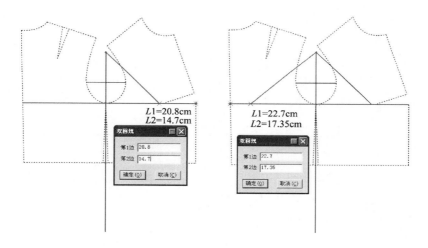

图 3-36　测量前后袖窿弧线长度

$L1=20.8$cm
$L2=14.7$cm

$L1=22.7$cm
$L2=17.35$cm

图 3-37　画袖山斜线

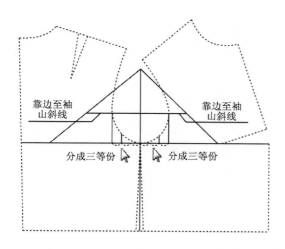
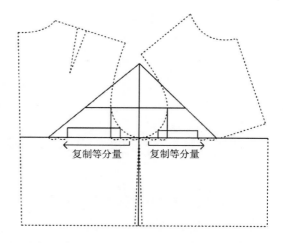

图 3-38　确定袖山弧线控制点 1

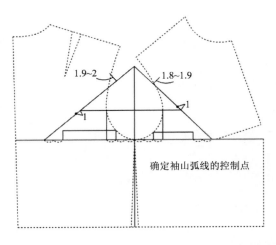

确定袖山弧线的控制点

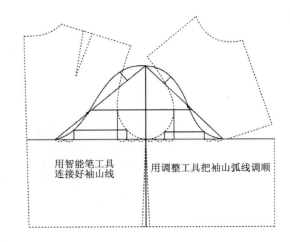

用智能笔工具连接好袖山线　　用调整工具把袖山弧线调顺

图 3-39　确定袖山弧线控制点 2

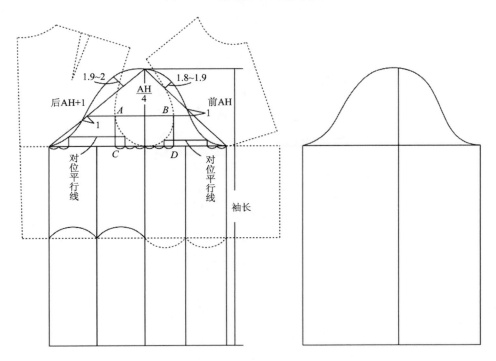

图 3-40　一片袖原型

第二节　服装 CAD 转省应用

省是服装制作中对衣片面料余量部分的一种处理方法，由于人体的凹凸起伏、围度的落差比、宽松度的大小以及适体程度的高低，决定了面料在人体的许多部位呈现出松散状态，将这些松散量以一种集约式的形式处理便形成了省，省的产生使服装造型由传统的平面造型走向了真正意义上的立体造型。本节通过三款不同造型的 CAD 转省制图步骤讲解，让读者掌握 CAD 转省制图步骤和技巧。

一、腋下省（横省）和腰省设计（图 3-41）

（1）选择 ✂ 剪断线工具，将要旋转部位线段剪断后，选择 ⟳ 旋转工具，按住 Shift 键进入【旋转】功能，将侧腰省闭合。

（2）选择 ✐ 智能笔工具，从袖窿省尖画新省线至侧缝线。

（3）选择 ✐ 转省工具，框选要转省的样片，然后先点击新省线，再点击闭合两段线，即可转省。

（4）选择 ✂ 剪断线工具，依次点击袖窿弧线的两段线，然后按右键结束，将两段线连接成一条线，并选择 ▶ 调整工具调顺袖窿弧线（图 3-42）。

（5）选择 ✐ 加省山工具，画好省山线，选择 ✐ 智能笔工具，从省山中点画一条线至省尖为省中线。

（6）选择 ✐ 橡皮擦工具，删除省线，选择 ✐ 智能笔工具在省中线离省尖 3cm 开始画省线，然后用 ✐ 智能笔工具【切角】功能删除多余的省中线。

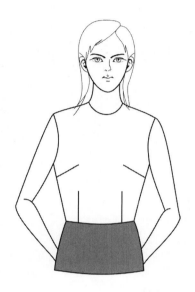

图 3-41 腋下省和腰省设计

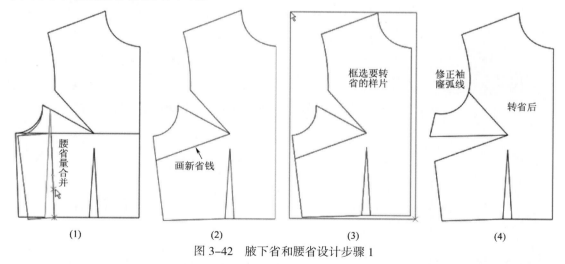

图 3-42 腋下省和腰省设计步骤 1

（7）选择 ⟳ 合并调整工具，先点击腰围线两段线，再点击闭合两段线，然后调顺腰围线（图 3-43）。

二、前片公主线设计（图 3-44）

（1）选择 ✂ 剪断线工具，将要旋转部位线段剪断后，选择 ⟳ 旋转工具，按住 Shift 键进入【旋转】功能，将侧腰省闭合。

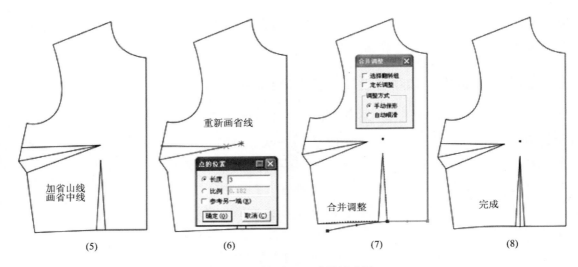

图 3-43　腋下省和腰省设计步骤 2

（2）选择　智能笔工具，从袖窿省尖画新省线至侧缝线。

（3）选择　转省工具，框选要转省的样片，然后先点击新省线，再点击闭合两段线，即可转省。

（4）选择　剪断线工具，依次点击袖窿弧线的两段线，然后按右键结束，将两段线连接成一条线，并选择　调整工具调顺袖窿弧线（图 3-45）。

（5）选择　调整工具，框选腰省，出现【偏移】对话框，输入横向偏移量 −2cm。

（6）选择　智能笔工具，根据款式要求画好分割线。

（7）选择　剪断线工具，将要旋转部位线段剪断后，选择　旋转工具，按住 Shift 键进入【旋转】功能，将腋下省闭合。

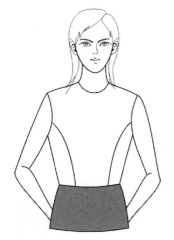

图 3-44　前片公主线设计

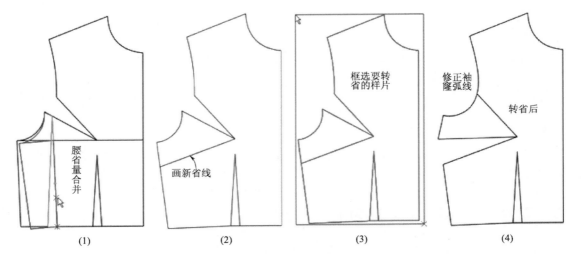

图 3-45　公主线设计步骤 1

（8）选择![剪刀]剪断线工具，依次点击前片（前侧）分割弧线的两段线，然后按右键结束，将前片（前侧）分割弧线的两段线连接成一条线，并选择![箭头]调整工具调顺前片（前侧）分割弧线（图 3-46）。

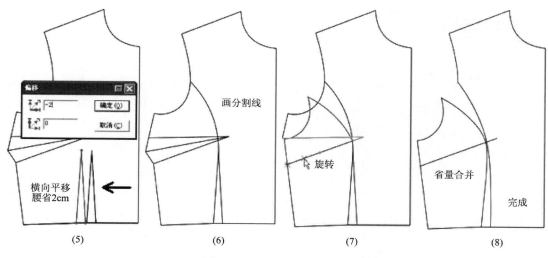

图 3-46 公主线设计步骤 2

三、后片公主线设计（图 3-47）

（1）选择![智能笔]智能笔工具，从肩省画一条线至袖窿弧线距肩端点 8cm。

（2）选择![剪刀]剪断线工具，将肩缝线肩省处剪断，选择![等分规]等分规工具将肩省分成三等份。

（3）选择![剪刀]剪断线工具，在袖窿弧线新省线交点处剪断，选择![旋转]旋转工具，按住 Shift 键进入【旋转】功能，将肩省闭合 $\frac{2}{3}$（注：$\frac{1}{3}$ 的肩省量保留在肩缝线作为吃势量，$\frac{2}{3}$ 的肩省量转移至袖窿弧线作为吃势量）。

（4）选择![剪刀]剪断线工具，依次点击肩缝线（袖窿弧线）的两段线，然后按右键结束，将肩缝线（袖窿弧线）的两段线连接成一条线，并选择![箭头]调整工具调顺肩缝线（袖窿弧线）（图 3-48）。

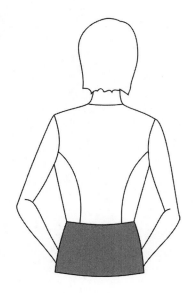

图 3-47 后片公主线设计

（5）选择![智能笔]智能笔工具，从侧腰省尖画一条线至袖窿弧线，选择![剪刀]剪断线工具剪断需要转省的线段。

（6）选择![旋转]旋转工具，按住 Shift 键进入【旋转】功能，将侧腰省闭合。

（7）选择![箭头]调整工具，调顺袖窿弧线，把线型改变为虚线 ![虚线]，选择![波浪]设置线的颜色类型工具，点击腰省线，使腰省线变为虚线。

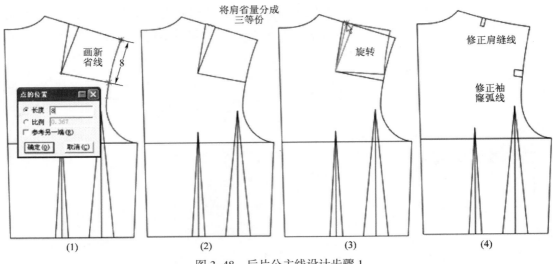

图 3-48　后片公主线设计步骤 1

（8）选择 ✎ 智能笔工具，根据款式造型要求画分割线，选择 ▶ 调整工具，调顺分割线（图 3-49）。

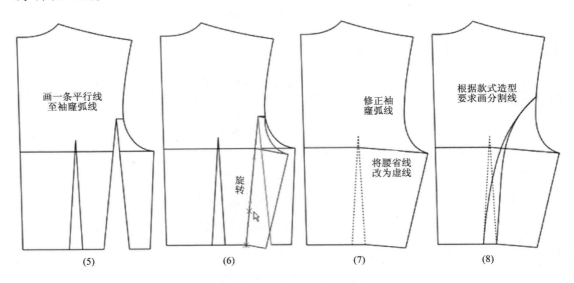

图 3-49　后片公主线设计步骤 2

第四章　上装 CAD 制板

原型制板是一种非常成熟的平面制板方法。原型制板方法有三个好处：一是解决了服装加放量的问题。原型的加放量是一个最可信赖的参照值，它通过立体试样，反复修正而得，又经过长期试用而确定下来的，基本解决了立体裁剪中的量化处理难题。二是解决了平面制板中的立体塑型问题。直接量化在制板中全面与人体对比，形成紧密联系人体的制板方法，提高了制板速度，也提高了制板质量。三是给平面服装结构设计提供了一个基本型。服装结构应该以人体为依据，原型制板总结出抽象服装结构的一般规律，形成平面的表达方式，能直接为平面结构设计所用。

第八代文化式女上装原型增加了省道设计，省道划分与分布更加合理，更加明显地突出女性的人体体型，提高了女装的造型功能。虽然第八代文化式女上装原型制图趋向复杂化，但却方便了服装款式变化与转换。特别是省道的结构设计，较好地表现了女性人体曲线特征。本章采用第八代文化式原型法进行服装 CAD 工业制板。

第一节　短袖衬衫

一、短袖衬衫效果图（图4-1）

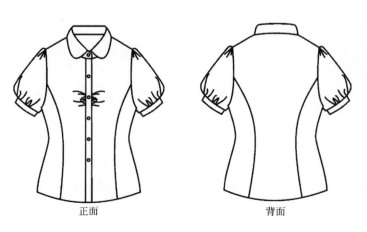

正面　　　　　　　　　　　背面

图 4-1　短袖衬衫效果图

二、短袖衬衫规格尺寸表（表4-1）

表4-1　短袖衬衫规格尺寸表　　　　　　　　　　　　　　单位：cm

部位　　　号型	155/80A	160/84A	165/88A	170/92A	档差
衣长	54.5	56	57.5	59	1.5
肩宽	37	38	39	40	1
领围	35	36	37	38	1
胸围	88	92	96	100	4
腰围	72	76	80	84	4
摆围	89	93	97	101	4
袖长	20.5	21	21.5	22	0.5
袖肥	30.4	32	33.6	35.2	1.6
袖口围	27	28	29	30	1

三、短袖衬衫CAD制板步骤

首先单击菜单【号型】→【号型编辑】,在设置号型规格表中输入尺寸（此操作可有可无）（图4-2）。

图4-2　设置号型规格表

1.画结构图

（1）运用第三章所学的知识，绘制好女装上衣原型结构图，将女装上衣原型结构图作为基础模板绘制短袖衬衫结构图（注意：胸围计算公式是$\dfrac{胸围84cm}{2}+4cm$，其他部位计算方法不变）。

①选择 旋转工具，按着Shift键进入【旋转】功能，将后片$\dfrac{2}{3}$的肩省量转移至后袖窿作为吃势量，$\dfrac{1}{3}$的肩省量保留在肩缝线作为吃势量（具体操作步骤在第三章有详细介绍）。

② 把线型改变为虚线 $\boxed{-----\cdot}$ ，选择 $\boxed{\text{\tiny}}$ 设置线的颜色类型工具，点击女装上衣原型结构线改为虚线（图4-3）。

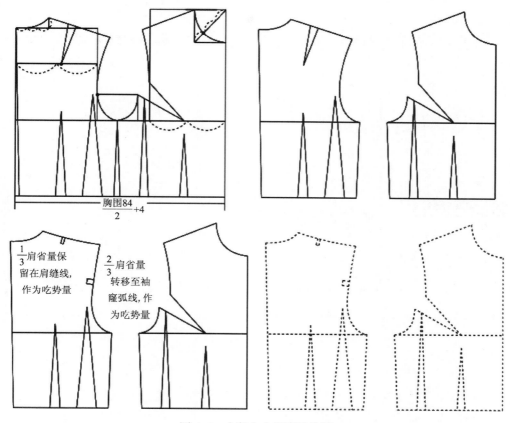

$$\frac{\text{胸围84}}{2}+4$$

$\frac{1}{3}$肩省量保留在肩缝线，作为吃势量

$\frac{2}{3}$肩省量转移至袖窿弧线，作为吃势量

图4-3　女装上衣原型结构图

（2）如图4-4所示，选择 $\boxed{\text{\tiny}}$ 智能笔工具，依女装上衣原型结构线为基础，画短袖衬衫前、后片基础线，选择 $\boxed{\text{\tiny}}$ 调整工具调顺袖窿弧线。

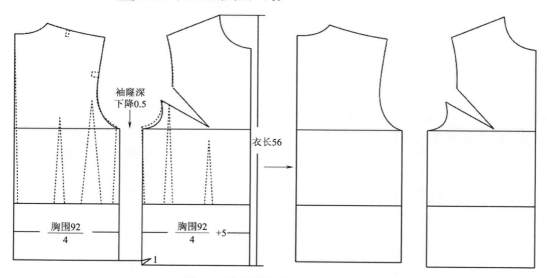

袖窿深下降0.5

衣长56

$$\frac{\text{胸围92}}{4}$$

$$\frac{\text{胸围92}}{4}+5$$

图4-4　短袖衬衫前、后片基础线

（3）画后片侧缝线和下摆线（图4-5）。

① 选择 ✐ 智能笔工具，从后片袖窿深点经腰围线1.6cm处与侧缝线基础线0.5cm处相连，为侧缝线。

② 选择 ✐ 智能笔工具画好下摆线，选择 ▶ 调整工具调顺后片侧缝线和下摆线。

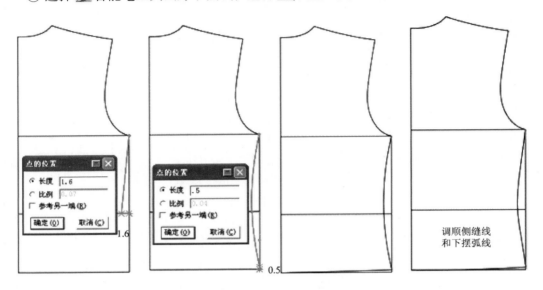

图4-5　画后片侧缝线和下摆线

（4）画后片分割线。

① 选择 ✐ 智能笔工具在后袖窿弧线12cm处开始画分割线。

② 选择 ✐ 智能笔工具，在后片腰围线中心点处，按Enter键，输入移动量−1.5cm（图4-6）。然后与下摆线11cm处相连（图4-7）。

③ 选择 ▶ 调整工具，将分割缝调整圆顺（图4-7）。

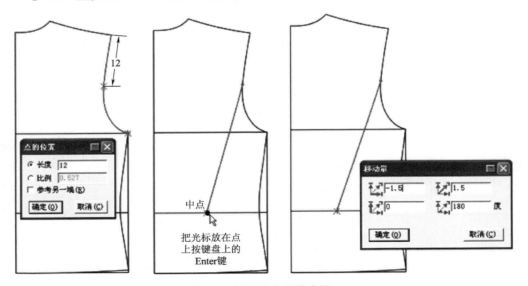

图4-6　画后片分割线步骤1

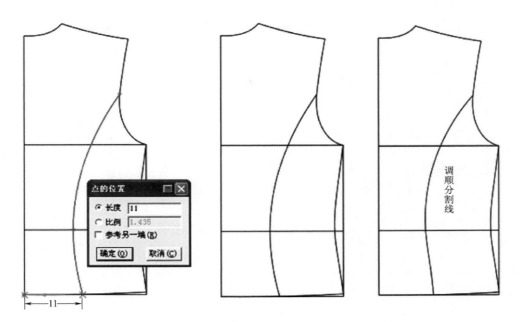

图 4-7　画后片分割线步骤 2

④ 选择 ✐ 智能笔工具，在后袖窿弧线 12cm 处开始画第二条分割线（图 4-8）。

⑤ 选择 ✐ 智能笔工具，在后片腰围线分割点 3cm 处与下摆线上的第一条分割线处相连。

⑥ 选择 ▧ 调整工具，将分割缝调整顺畅。

（5）画前片侧缝线和下摆线（图 4-9）。

① 选择 ✐ 智能笔工具，从前片袖窿深点经腰围线 1.6cm 处与侧缝线基础线 1.5cm 处

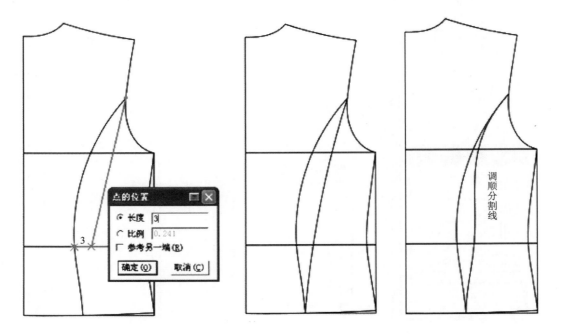

图 4-8　画后片分割线步骤 3

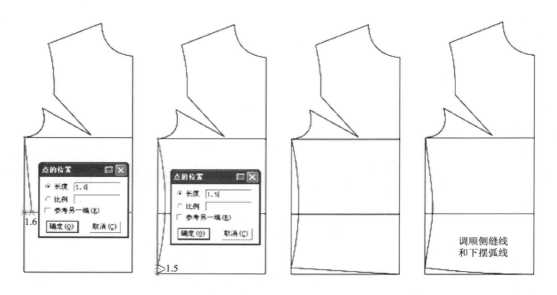

图 4-9　画前片侧缝线和下摆线

相连，作侧缝线。

② 选择 ✐ 智能笔工具画好下摆线。选择 ↖ 调整工具调顺后片侧缝线和下摆线。

（6）画前片门襟线（图 4-10）。

① 选择 ✐ 智能笔工具，把光标放在前中线，按住左键不松手向右边拖动鼠标，点击左键，出现【平行线】对话框，输入 1.5cm（与前中线的距离），作平行线。

② 然后用选择 ✐ 智能笔工具中的【切角】和【靠边】功能，处理好门襟线。

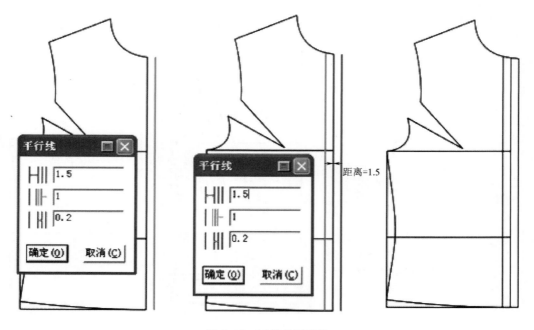

图 4-10　画前片门襟线

（7）转省处理（图4-11）。

① 选择 ✐ 智能笔工具，从袖窿省尖画一条平行线至门襟线，选择 ✂ 剪断线工具，将门襟线和前中线在平行线处剪断。

② 选择 ⬿ 旋转工具，按住 Shift 键，进入【旋转】功能，将袖窿省闭合。

③ 选择 ✂ 剪断线工具，点击袖窿弧线的两段线，按右键结束，将两段线连接为一条线。

④ 选择 ▸ 调整工具，调顺袖窿弧线；选择 ✐ 橡皮擦工具，删除袖窿省线。

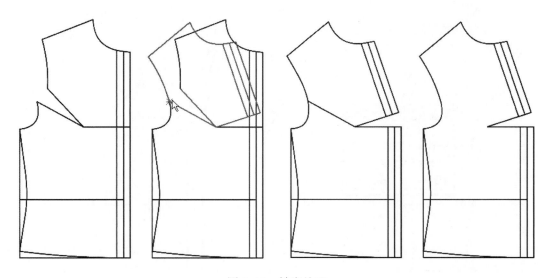

图4-11 转省处理

（8）画前片分割线。

① 选择 ✐ 智能笔工具，在前袖窿弧线 10cm 处开始画分割线（图4-12）。

② 选择 ✐ 智能笔工具，在前片腰围线 8.5cm 处与下摆线 11.6cm 处相连。

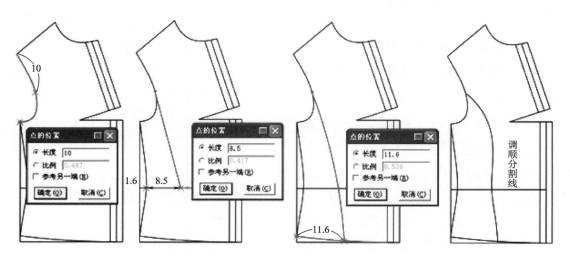

图4-12 画前片分割线步骤1

③ 选择 ▣ 调整工具，将分割线调整圆顺。

④ 选择 ✎ 智能笔工具，在后袖窿弧线 10cm 处开始画第二条分割线（图 4-13）。

⑤ 选择 ✎ 智能笔工具，在后片腰围线分割点 2.5cm 处与下摆线上的第一条分割线处相连。

⑥ 选择 ▣ 调整工具，将分割缝调整圆顺。

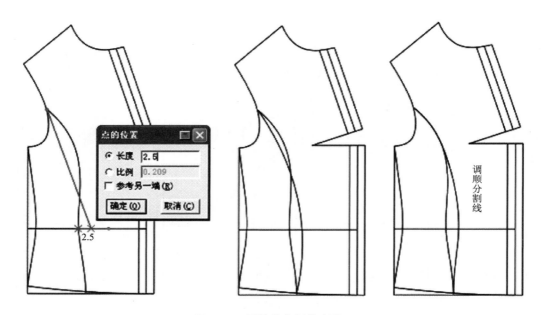

图 4-13　画前片分割线步骤 2

（9）画袖子。

① 选择 ✄ 剪断线工具，依次点击前袖窿弧线的两段线，然后按右键结束将两段线连接成一条线。并选择 ▣ 调整工具调顺前袖窿弧线。

② 画肩端点平行线。选择 ✎ 智能笔工具，从后肩端点画一条平行线至侧缝基础线的延长线。选择 ✎ 智能笔工具，从前肩端点画一条平行线超出侧缝基础线的延长线。

③ 确定袖山高。选择 ▭ 等分规工具，将后肩端点至前肩端点的距离分成两等份。选择 ▭ 等分规工具，将前后肩端点的间距中点至袖窿深点的距离分成六等份。选取前后肩端点的间距中点至袖窿深点距离的 $\frac{5}{6}$ 为袖山高。选择 ✎ 智能笔工具，从前后肩端点的间距中点至袖窿深点距离的 $\frac{1}{3}$ 处画一条水平线（图 4-14）。

④ 选择 ✎ 长度比较工具，点击后袖窿弧线，单击鼠标左键，显示后袖窿弧线长度为 22.79cm；点击前袖窿弧线，单击鼠标左键，显示前袖窿弧线长度为 20.52cm（图 4-15）。

⑤ 选择 Ａ 圆规工具，画出后袖山斜线 22.8cm，前袖山斜线 20.5cm（图 4-16）。

⑥ 选择 ✎ 智能笔工具，连接袖山弧线。选择 ▣ 调整工具，调顺袖山弧线。

⑦ 选择 ▦ 移动工具，按住 Shift 键，进入【复制】功能。将袖子结构线复制在空白处。

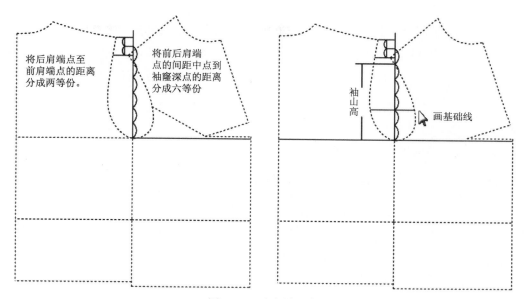

图 4-14 确定袖山高

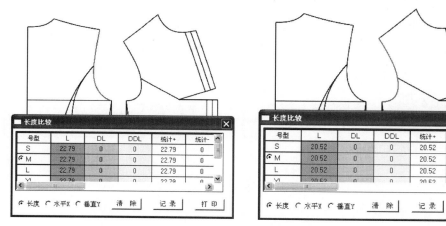

图 4-15 前后袖窿弧线长度

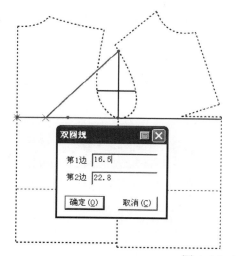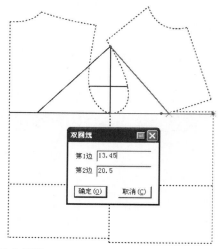

图 4-16 画袖山斜线

⑧ 选择 ✐ 智能笔工具，按住 Shift 键，右键点击袖中线下端部分，进入【调整曲线长度】功能。输入新长度量 18cm（计算方法：袖长 21cm- 袖克夫宽 3cm）。然后用 ✐ 智能笔工具画好袖口线（图 4-17）。

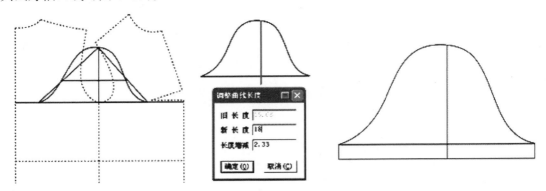

图 4-17　画袖子

（10）画袖克夫（图 4-18）。

① 选择 ✐ 智能笔工具，在空白处拖定出袖克夫围度 28cm，袖克夫宽 3cm。

② 选择 ⚠ 对称工具，按住 Shift 键，进入【对称复制】功能，将袖克夫对称复制。

图 4-18　画袖克夫

（11）画领子。

① 选择 ✐ 长度比较工具，点击后领弧线和前领弧线，单击鼠标左键，显示后领弧线和前领弧线长度为 20.54cm；选择 ✐ 智能笔工具画一条长 20.54cm 的平行线（图 4-19）。

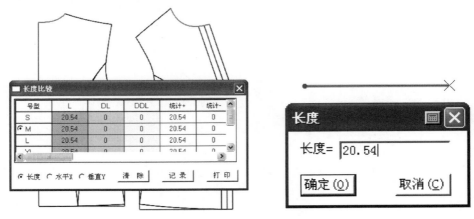

图 4-19　画领子步骤 1

② 选择 调整工具，框选平行线的右端按 Enter 键，出现【偏移】对话框，纵向偏移量输入 2cm，继续用 调整工调整领子弧线（图 4-20 ）。

图 4-20 画领子步骤 2

③ 选择 智能笔工具，画底领后中高 2.5cm，选择 智能笔工具在领子弧线 1.2cm 处画出底领的领嘴高 2.2cm（图 4-21 ）。

图 4-21 画领子步骤 3

④ 选择 智能笔工具，画好领座上口弧线，再用 调整工具，调顺领座上口弧线。选择 智能笔工具，画出翻领后中凹势 4.5cm（图 4-22 ）。

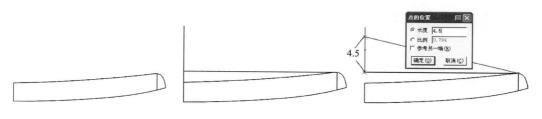

图 4-22 画领子步骤 4

⑤ 选择 智能笔工具，画出翻领后中高 4.5cm，选择 智能笔工具，按住 Shift 键，右键点击翻领弧线前中部分；进入【调整曲线长度】功能，输入长度增减量 –0.65cm（注：用比较长度工具测量出领座上口弧线的长度，将翻领下口弧线多余的 0.65cm 除掉）；再用 智能笔工具画翻领领尖长 8cm（图 4-23 ）。

图 4-23 画领子步骤 5

⑥ 选择 ✏ 智能笔工具，画出翻领外口弧线，选择 ▶ 调整工具，调顺翻领外口弧线；再用 📐 圆角工具处理好翻领领尖（图 4-24）。

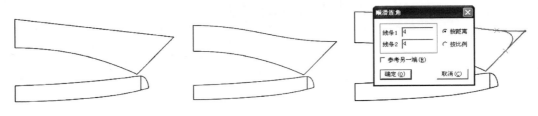

图 4-24　画领子步骤 6

2. 样片处理

（1）前中、前侧片和门襟样片处理。

如图 4-25 所示，将前片省量分别在两端加大 0.5cm，门襟前中增设 1cm 省量，这样保证前中线更加符合于人体。

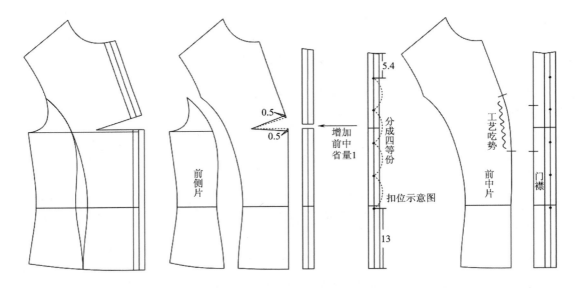

图 4-25　前中、前侧片和门襟样片处理

（2）后中片、后侧片、领座、翻领样片处理（图 4-26）。

（3）袖子样片处理（图 4-27）。

3. 拾取纸样

（1）选择 ✂ 剪刀工具，拾取纸样的外轮廓线及对应纸样的内部线；击右键切换成拾取衣片辅助线工具，拾取内部辅助线。

（2）选择 📑 布纹线工具，将布纹线调整好（图 4-28）。

（3）加缝份（图 4-29）。

① 选择 📁 加缝份工具，将工作区的所有纸样统一加 1cm 缝份。

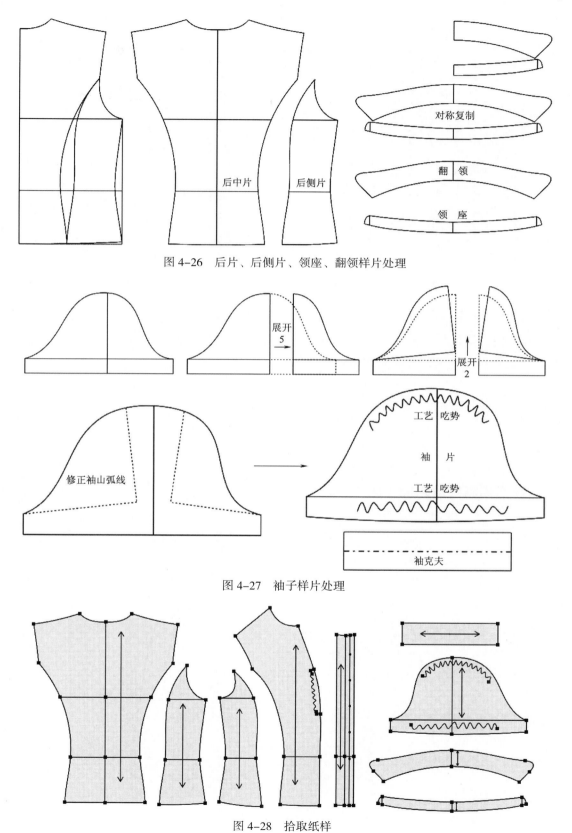

图 4-26　后片、后侧片、领座、翻领样片处理

图 4-27　袖子样片处理

图 4-28　拾取纸样

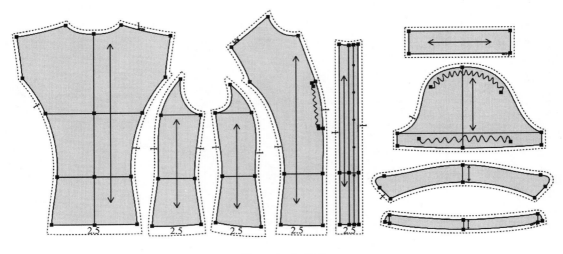

图 4-29　加缝份

②将前中片、前侧片、后中片、后侧片的下摆线和门襟下口线缝份修改为 2.5cm。

③选择 加缝份工具，按一下 Shift 键，把光标切换成 后，分别在靠近切角的两边上单击即可。把前片与前侧片和后片与后侧片缝合缝份进行处理。

第二节　连衣裙

一、连衣裙款式效果图（图 4-30）

正面　　　　　　　　　　背面

图 4-30　连衣裙款式效果图

二、连衣裙规格尺寸表（表4-2）

表4-2　连衣裙规格尺寸表　　　　　　　　单位：cm

部位＼号型	155/80A	160/84A	165/88A	170/92A	档差
裙长	88	90	92	94	2
肩宽	37	38	39	40	1
胸围	86	90	94	98	4
腰围	70	74	78	82	4
摆围	126	130	134	138	4

三、连衣裙CAD制板步骤

首先单击菜单【号型】→【号型编辑】,在设置号型规格表中输入尺寸（此操作可有可无）（图4-31）。

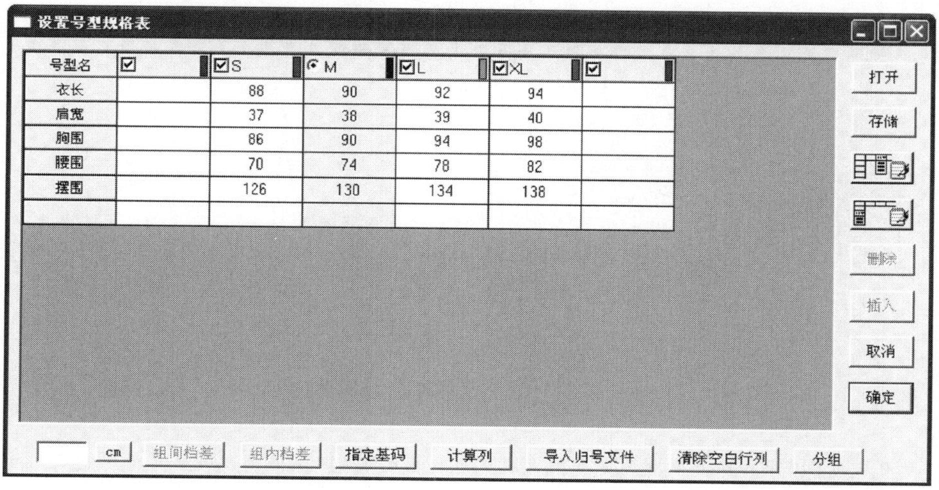

图4-31　设置号型规格表

1.画结构图

（1）运用我们第三章所学的知识，绘制好女装上衣原型结构图，将女装上衣原型结构图作为基础绘制连衣裙结构图（胸围计算公式是$\frac{胸围84cm}{2}+3cm$，其他部位计算方法不变）。

① 选择旋转工具，按着Shift键进入【旋转】功能。将后片$\frac{2}{3}$的肩省量转移至后袖窿作为吃势量，$\frac{1}{3}$的肩省量保留在肩缝线作为吃势量（操作步骤在第三章有详细介绍）。

② 选择 旋转工具，按着 Shift 键进入【旋转】功能，将前片袖窿省转移至横省（操作步骤在第三章有详细介绍）。

③ 把线型改变为虚线 ，选择 设置线的颜色类型工具，点击女装上衣原型结构线改为虚线（图 4-32）。

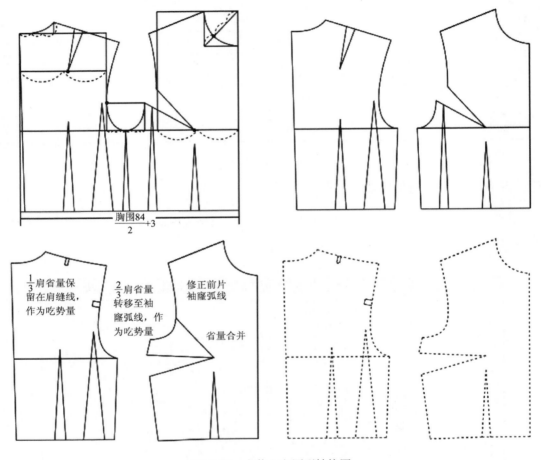

图 4-32　女装上衣原型结构图

（2）如图 4-33 所示，选择 智能笔工具，依女装上衣原型结构线为基础，画连衣裙前、后片基础线，选择 调整工具调顺袖窿弧线。

（3）如图 4-34 所示，参照前面我们学习的内容，画好连衣裙结构图。

2. 样片处理

（1）前侧片和前片上拼块处理（图 4-35）。

① 选择 移动工具，按住 Shift 键，进入【复制】功能，将前片腰围线以上部分复制在空白处。

② 选择 剪断线工具，将要转省处理的线段剪断。

③ 选择 旋转工具，按住 Shift 键，进入【旋转】功能，将前侧片省量旋转合并。

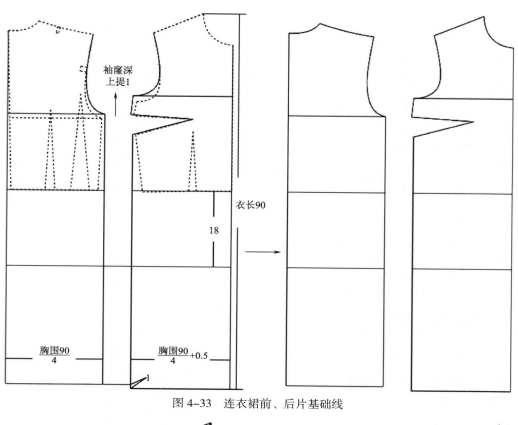

图 4-33 连衣裙前、后片基础线

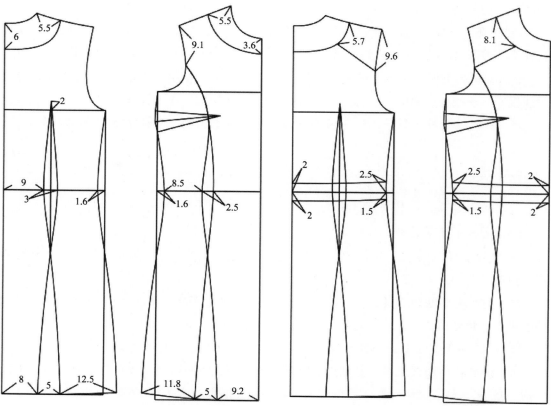

图 4-34 连衣裙结构图

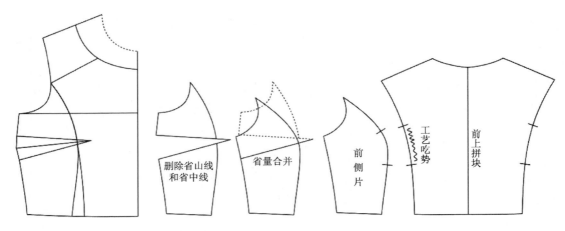

图 4-35 前侧片和前片上拼块处理

④选择 ✂剪断线工具，分别点击两段线，按右键结束，将两条线接成一条线，然后用 ↖调整工具，分别调顺侧缝线和分割线（公主线）。

⑤选择 ⋀对称工具，按住 Shift 键，进入【复制】功能，将前片上拼块对称复制。

（2）前片腰头处理（图 4-36）。

①选择 ⊞移动工具，按住 Shift 键，进入【复制】功能，将前片腰头部分复制在空白处。

②选择 ✂剪断线工具，将要转省处理的线段剪断。选择 ✐智能笔工具中的【切角】功能进行切角处理。

③选择 ⊞移动工具，按住 Shift 键，进入【移动】功能，将前片腰头移动放在一起，选择 ⟳旋转工具，按住 Shift 键，进入【旋转】功能，将前片腰头上的多余省量旋转合并。

④选择 ✂剪断线工具，分别点击腰头上口、下口弧线的两段线，按右键结束，将两段线接成一条线，然后用 ↖调整工具，分别调顺腰头上口、下口弧线。

⑤选择 ⋀对称工具，按住 Shift 键，进入【复制】功能，将前片腰头对称复制。

图 4-36 前片腰头处理

（3）前片下拼块处理。

①选择 ⊞移动工具，按住 Shift 键，进入【复制】功能，将前片腰围线以下部分复制在空白处。

②选择 ✂剪断线工具，将要转省处理的线段剪断，选择 ✐智能笔工具中的【切角】功能进行切角处理。

③选择 ⟳旋转工具，按住 Shift 键，进入【旋转】功能，将腰省旋转合并。

④选择 ✂剪断线工具，分别点击腰围线和摆围线的两段线，按右键结束，将两条线接成一条线，然后用 ↖调整工具分别调顺腰围线和摆围线（图 4-37）。

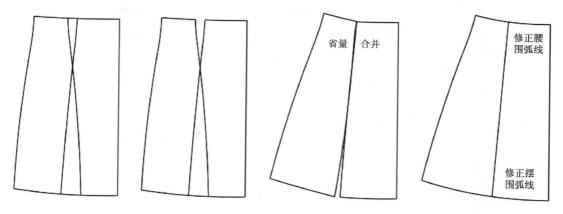

图 4-37 前片下拼块处理步骤 1

⑤ 选择 褶展开工具，做双向褶（即"工"字褶），如图 4-38 所示。

⑥ 选择 对称工具，按住 Shift 键，进入【复制】功能，将前片下拼块对称复制。

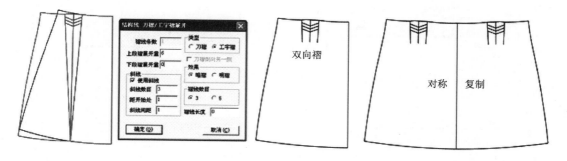

图 4-38 前片下拼块处理步骤 2

（4）后片腰头与前片腰头的处理方样一样（图 4-39）。

图 4-39 后片腰头处理

（5）后片下拼块与前片下拼块处理方法一样（图 4-40）。

（6）袖片处理（图 4-41）。

3. 拾取纸样

（1）选择 剪刀工具，拾取纸样的外轮廓线及对应纸样的内部线；点击右键切换成拾取衣片辅助线工具，拾取内部辅助线。

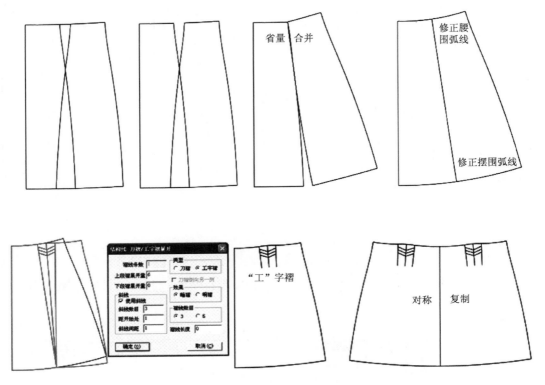

图 4-40　后片下拼块处理

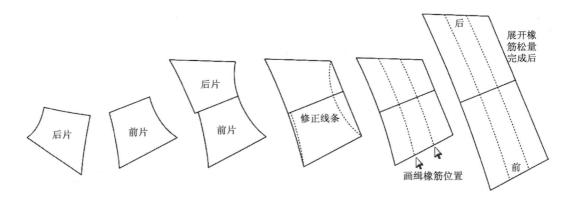

图 4-41　袖片处理

（2）选择 布纹线工具，将布纹线调整好（图 4-42）。

（3）加缝份（图 4-43）。

① 选择 加缝份工具，将工作区的所有纸样统一加 1cm 缝份。

② 将前片下拼块和后片下拼块的下摆线缝份修改为 3cm。

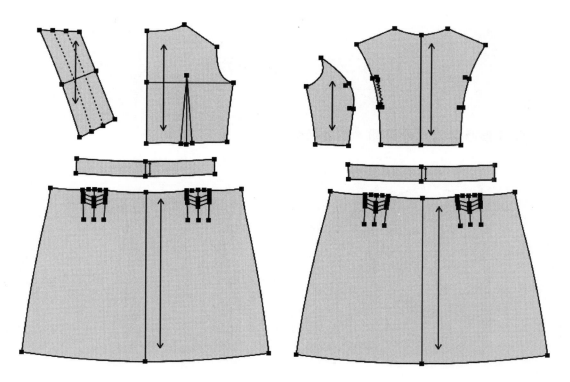

图 4-42　拾取纸样

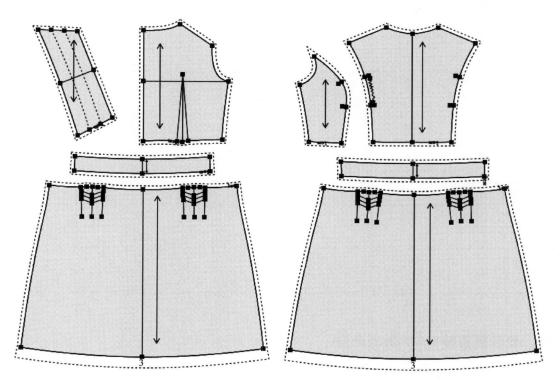

图 4-43　加缝份

<h1 style="text-align:center">第三节　登驳领西装</h1>

一、登驳领西装款式效果图（图4-44）

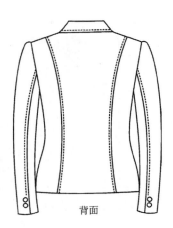

正面　　　　　　　　　　　　　背面

图 4-44　登驳领西装款式效果图

二、登驳领西装规格尺寸表（表4-3）

表 4-3　登驳领西装规格尺寸表　　　　　　　单位：cm

号型 部位	155/80A	160/84A	165/88A	170/92A	档差
衣长	56	58	60	62	2
肩宽	38	39	40	41	1
胸围	90	94	98	102	4
腰围	74	78	82	86	4
摆围	94	98	102	106	4
袖长	56.5	58	59.5	61	1.5
袖肥	31.4	33	34.6	36.2	1.6
袖口围	24	25	26	27	1

三、登驳领西装 CAD 制板步骤

　　首先单击【号型】菜单→【号型编辑】,在设置号型规格表中输入尺寸（此操作可有可无）（图 4-45）。

图 4-45　设置号型规格表

1. 画结构图

（1）运用第三章所学的知识，绘制好女装上衣原型结构图（图 4-46），将女装上衣原型结构图作为基础绘制登驳领西装结构图。

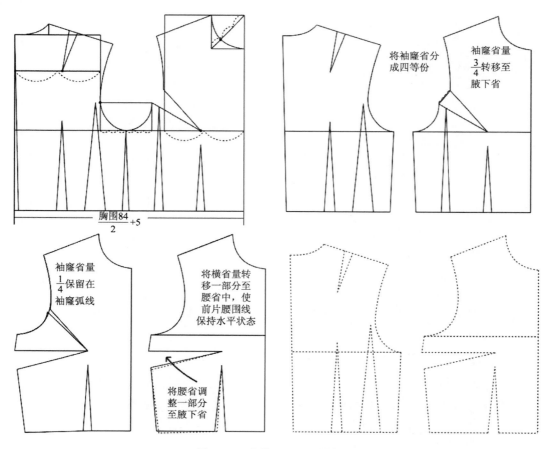

图 4-46　女装上衣原型结构图

① 选择 ⬚ 旋转工具，按着 Shift 键进入【旋转】功能，将前侧腰省闭合。

② 选择 ✐ 智能笔工具画横省线，再用 ✄ 剪断线工具，将侧缝线从横省线处剪断。

③ 选择 ⬚ 等份规工具将袖窿省分成四个等份，$\frac{1}{4}$ 的袖窿省量保留在袖窿弧线作为吃势量。

④ 选择 ⬚ 旋转工具，按着 Shift 键进入【旋转】功能。将 $\frac{3}{4}$ 的袖窿省量转移至腋下省（侧缝）。

⑤ 选择 ✄ 前断线工具点击前片袖窿弧线的二段线，按右键结束，将两条线接成一条线，然后用 ⬚ 调整工具调顺袖窿弧线。

⑥ 选择 ⬚ 旋转工具，按着 Shift 键进入【旋转】功能。将横省量转移一部分至腰省中，使前片腰围线保持水平状态。

⑦ 把线型改变为虚线 ⬚，选择 ⬚ 设置线的颜色类型工具，点击女装上衣原型结构线改变为虚线（4-46）。

（2）如图 4-47 所示，选择 ✐ 智能笔工具依女装上衣原型结构线为基础，画登驳领西装前、后片基础线，选择 ⬚ 调整工具调顺袖窿弧线。

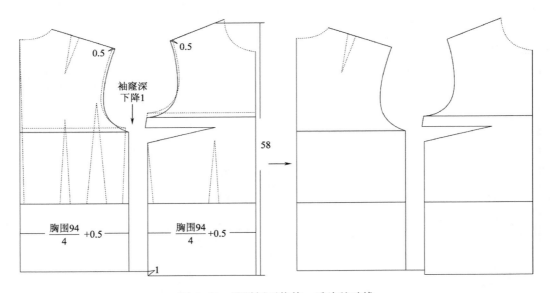

图 4-47　登驳领西装前、后片基础线

（3）如图 4-48 所示，参照前面我们学习的内容，画好登驳领西装结构图。

（4）画袖子。

① 确定袖山高（图 4-49）。

a. 选择 ✐ 智能笔工具，从后肩端点画一条水平线至侧缝线基础延长线。

b. 选择 ✐ 智能笔工具，从前肩端点画一条水平线至侧缝线基础延长线。

c. 选择 ⬚ 等分规工具，将后肩端点至前肩端点的距离分成两等份。

d. 选择 ⬚ 等分规工具，将前后肩端点的间距中点至袖窿深点的距离分成六等份。

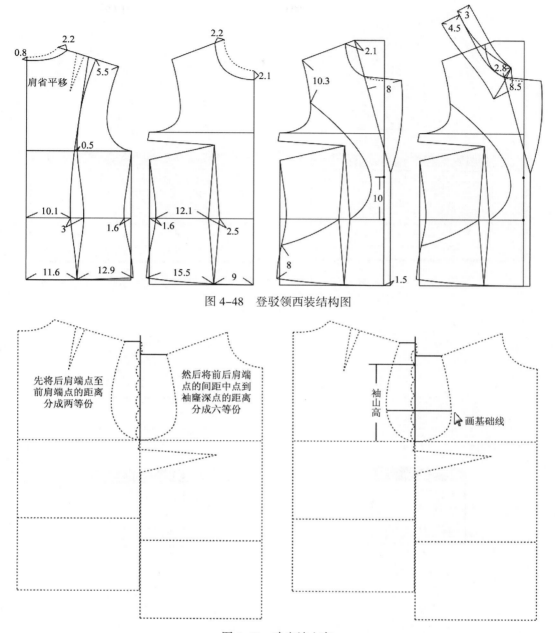

图 4-48 登驳领西装结构图

图 4-49 确定袖山高

e. 选取前后肩端点的间距中点至袖窿深点距离的 $\frac{5}{6}$ 为袖山高。

f. 选择 ✎ 智能笔工具，从前后肩端点的间距中点至袖窿深点距离的 $\frac{1}{3}$ 处画一条平行线。

② 测量前、后袖窿弧线长度（图 4-50）。

选择 ✎ 长度比较工具，点击后袖窿弧线，单击鼠标左键，显示后袖窿弧线长度为 23.16cm；点击前袖窿弧线，单击鼠标左键，显示前袖窿弧线长度为 22.18cm。

③ 画袖山斜线（图 4-51）。

选择 Ａ 圆规工具，画出后袖山斜线 23.2cm，前袖山斜线 22.2cm。

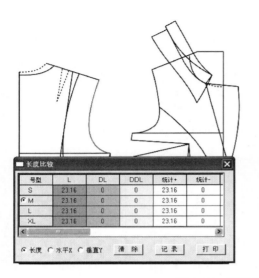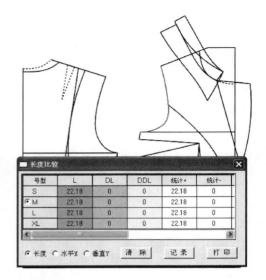

图 4-50　测量前、后袖窿弧线长度

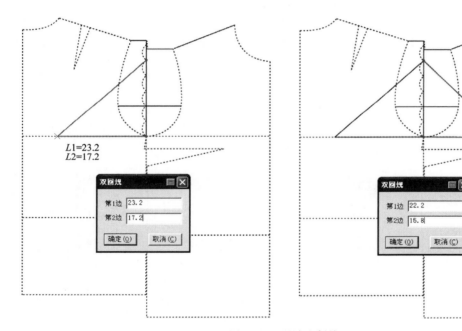

图 4-51　画袖山斜线

④ 画袖山弧线和袖中线（图 4-52）。

a. 选择 🖋 智能笔工具，连接袖山弧线，选择 🔖 调整工具调顺袖山弧线。

b. 选择 🔡 移动工具，按住 Shift 键，进入【复制】功能，将袖子结构线复制在空白处。

c. 选择 🖋 智能笔工具，按着 Shift 键，右键点击袖中线下端部分，进入【调整曲线长度】功能，输入新长度量 58cm。

d. 选择 ✂ 剪断线工具，将袖肥线在袖中线处剪断，选择 ⛟ 等分规工具，分别将前、后袖肥线分成两等份。

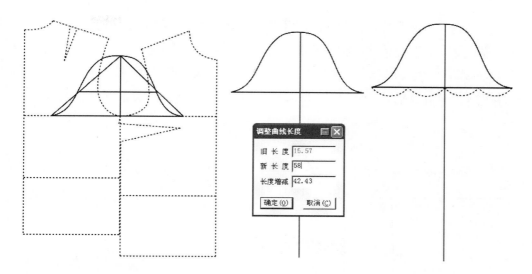

图 4-52　画袖山弧线和袖中线

⑤画前片袖侧缝线。

a. 选择 ✐ 智能笔工具，把光标放在前袖肥线中点上，按 Enter 键，出现【移动量】对话框，输入横向偏移量 3cm，依此画一条垂直线至袖口。

b. 选择 ✐ 智能笔工具，画前片袖口线，用 ✐ 智能笔工具的【单向靠边】功能，将前袖侧基础线靠边至袖山弧线（图 4-53）。

c. 选择 ▶ 调整工具，调顺前片袖侧缝线。

d. 选择 ✐ 智能笔工具，点击一下前袖侧缝线向左边拖动鼠标，点击左键，出现【平行线】对话框，输入平行线间距 6cm。

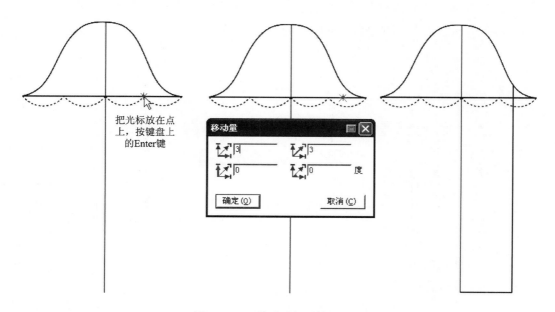

图 4-53　画前片袖侧缝线步骤 1

e. 选择 ✐ 智能笔工具，从大袖前侧缝线上端画一条平行线至小袖前侧缝线上端，然后用 ✐ 智能笔工具的【双向靠边】功能，将小袖前侧缝线分别靠边至袖口线和上平行线。

f. 选择 ✐ 智能笔工具，按着 Shift 键，右键点击袖口线左侧部分，进入【调整曲线长度】功能，输入新长度 16.75cm（计算方法：$\frac{袖口\ 25cm}{2}$ +1.25cm 互借量 +3cm 互借量）（图 4–54）。

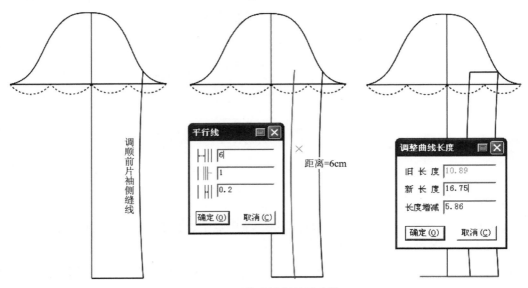

图 4–54　画前片袖侧缝线步骤 2

⑥ 画后片袖侧缝线。

a. 选择 ✐ 智能笔工具，把光标放在后袖肥线中点上，按 Enter 键，出现【移动量】对话框，输入横向偏移量 −1.25cm，依此画一条线至袖口。

b. 选择 ✐ 智能笔工具的【单向靠边】功能，将后袖侧缝基础线靠边至袖山弧线。

c. 选择 ◤ 调整工具，调顺后片袖侧缝线（图 4–55）。

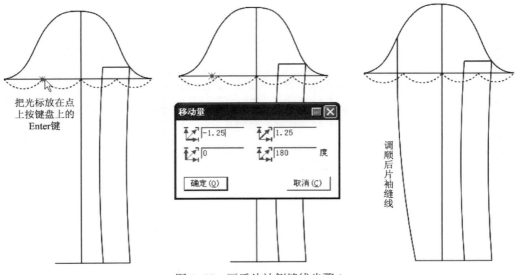

图 4–55　画后片袖侧缝线步骤 1

　　d. 选择 ↖ 调整工具，在后袖口端点按 Enter 键，出现【偏移】对话框，输入纵向偏移量 −0.5cm。

　　e. 选择 ✐ 智能笔工具，点击一下后袖侧缝线，向右拖动鼠标，点击左键，出现【平行线】对话框，输入平行线间距 2.5cm。

　　f. 选择 ✐ 智能笔工具，分别在前、后袖肥线中点画一条垂直线（图 4–56）。

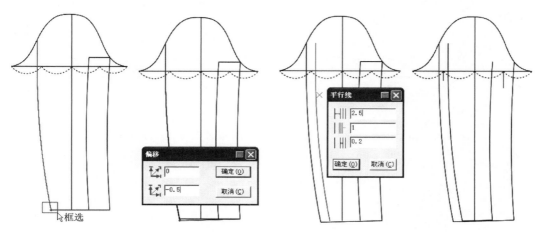

图 4–56　画后片袖侧缝线步骤 2

　　⑦ 画小袖山弧线。

　　a. 选择 ⋀ 对称工具，按住 Shift 键，进入【对称复制】功能，依前片袖肥线中点垂直线对称复制袖山弧线。

　　b. 选择 ✐ 智能笔工具的【切角】功能，将小袖袖山弧线进行切角处理。

　　c. 选择 ⋀ 对称工具，按住 Shift 键，进入【对称复制】功能，依后片袖肥线中点垂直线对称复制袖山弧线。

　　d. 选择 ✐ 智能笔工具的【切角】功能，将小袖袖山弧线进行切角处理（图 4–57）。

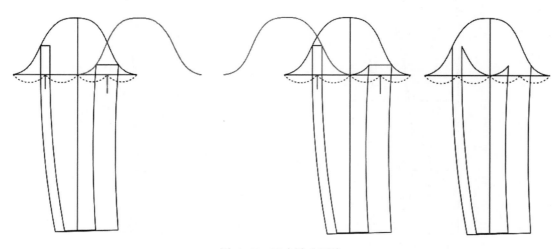

图 4–57　画小袖山弧线

2. 样片处理

（1）翻领和领座处理（图4-58）。

（2）前中片和前侧片处理（图4-59）。

（3）后中片和后侧片处理（图4-60）。

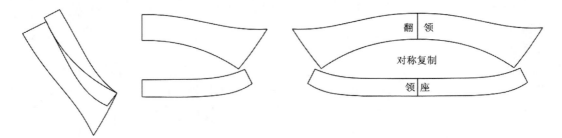

图 4-58　翻领和领座处理

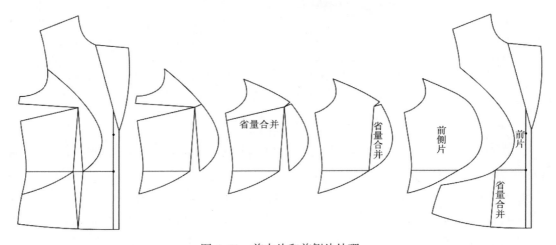

图 4-59　前中片和前侧片处理

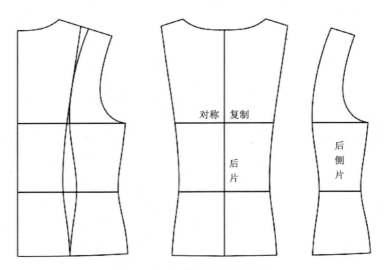

图 4-60　后中片和后侧片处理

（4）大袖片和小袖片处理（图4-61）。

（5）前片里料和挂面处理（图4-62）。

（6）后片里料和后领贴处理（图4-63）。

3. 拾取纸样

（1）选择 ✂ 剪刀工具，拾取纸样的外轮廓线及对应纸样的内部线；点击右键切换成拾取衣片辅助线工具，拾取内部辅助线。

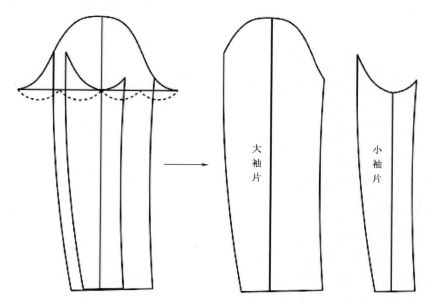

图4-61　大袖片和小袖片处理

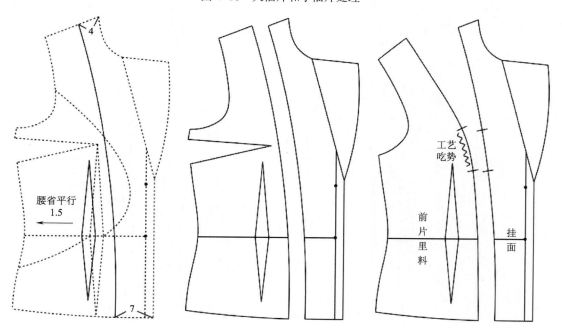

图4-62　前片里料和挂面处理

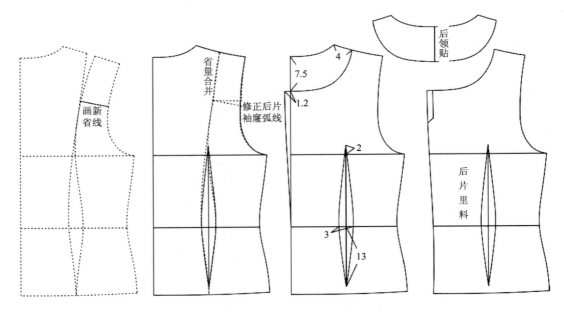

图 4-63　后片里料和后领贴处理

（2）选择 布纹线工具，将布纹线调整好（图 4-64）。

（3）加缝份（图 4-65）。

① 选择 加缝份工具，将工作区的所有纸样统一加 1cm 缝份。

② 将前中片、后中片、后侧片的下摆线缝份修改为 3.8cm。

③ 将大袖和小袖袖口线的缝份修改为 3.8cm。

④ 选择 加缝份工具，按一下 Shift 键，把光标切换成 后，分别在靠近切角的两边上单击即可。把大袖、大袖里料与小袖、小袖里料的缝合缝边进行处理。

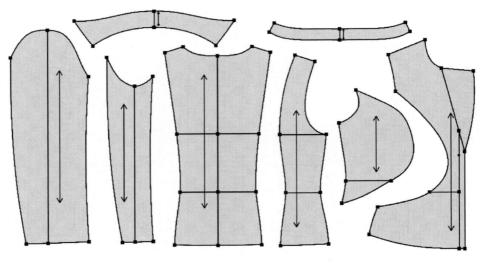

图 4-64

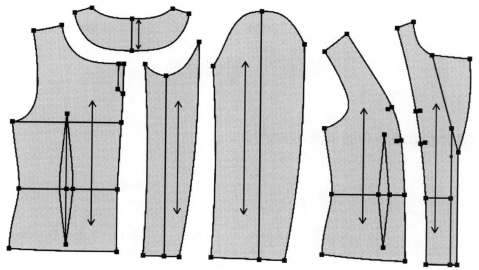

图 4-64 拾取纸样

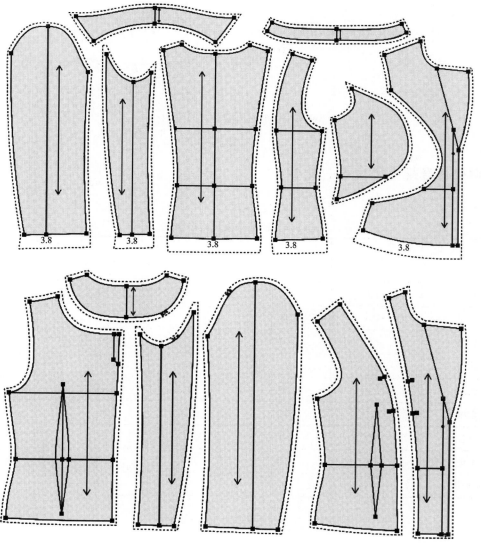

图 4-65 加缝份

第四节 时装外套

一、时装外套款式效果图（图4-66）

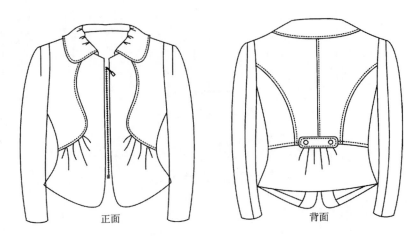

正面 背面

图4-66 时装外套款式效果图

二、时装外套规格尺寸表（表4-4）

表4-4 时装外套规格尺寸表　　　　　　　　　　　　　　　　单位：cm

部位 ＼ 号型	155/80A	160/84A	165/88A	170/92A	档差
衣长	54.5	56	57.5	59	1.5
肩宽	37	38	39	40	1
领围	48	49	50	51	1
胸围	88	92	96	100	4
腰围	72	76	80	84	4
摆围	84	88	92	96	4
袖长	56.5	58	59.5	61	1.5
袖肥	30.8	32.4	34	35.6	1.6
袖口围	25	26	27	28	1

三、时装外套 CAD 制板步骤

首先单击【号型】菜单→【号型编辑】,在设置号型规格表中输入尺寸(此操作可有可无)(图 4-67)。

图 4-67 设置号型规格表

1. 画结构图

(1)运用第三章所学的知识,绘制女装上衣原型结构图,将女装上衣原型结构图作为基础绘制时装外套结构图(注意:胸围计算公式是$\frac{胸围84cm}{2}+4cm$,其他部位计算方法不变)。

① 选择 ⚙ 旋转工具,按着 Shift 键进入【旋转】功能。将后片$\frac{2}{3}$的肩省量转移至后袖窿作为吃势量,$\frac{1}{3}$的肩省量保留在肩缝线作为吃势量(具体操作步骤在第三章有详细介绍)。

② 把线型改变为虚线 [-----],选择 [▨] 设置线的颜色类型工具,点击女装上衣原型结构线改变为虚线(图 4-68)。

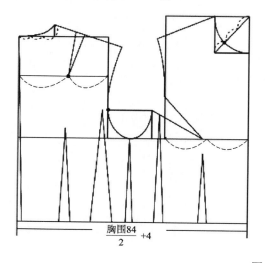
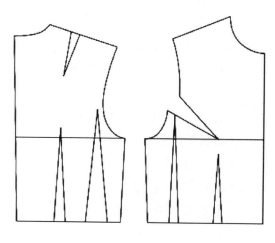

图 4-68

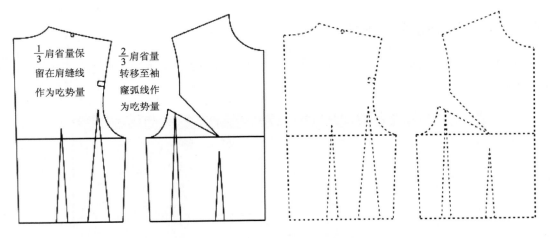

图 4-68　女装上衣原型结构图

（2）如图 4-69 所示，选择 ✐ 智能笔工具，依女装上衣原型结构线为基础画时装外套前片、后片基础线，选择 ▶ 调整工具调顺袖窿弧线。

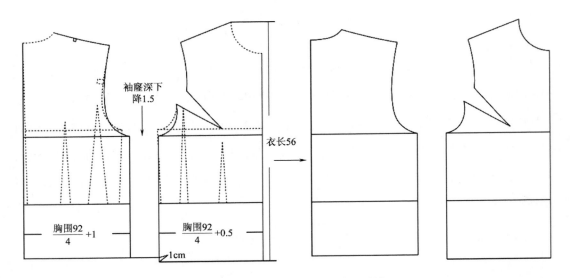

图 4-69　时装外套前片、后片基础线

（3）如图 4-70 所示，参照前面学习的内容，画好时装外套结构图。

（4）画袖子。

① 确定袖山高后，画袖山斜线（图 4-71）。

② 画袖子（图 4-72）。

（5）画领子（图 4-73）。

2. 样片处理

（1）前中片处理（图 4-74）。

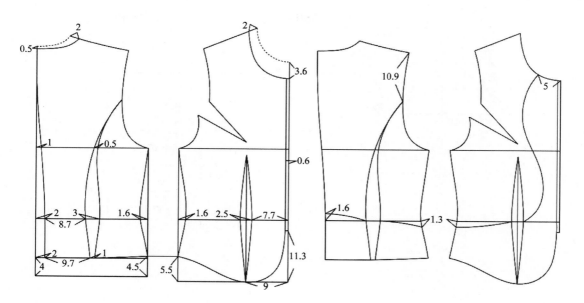

图 4-70　时装外套结构图

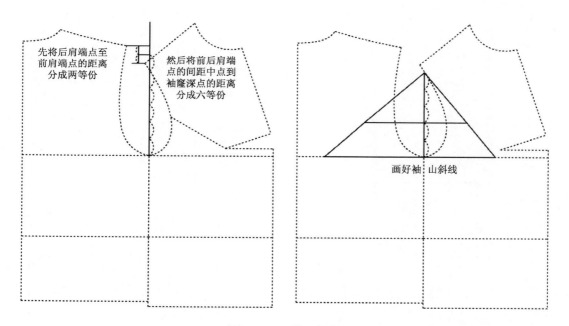

图 4-71　画袖山斜线

（2）前侧片处理（图4-75）。

（3）后中片、后侧片、后片装饰拼块、底领处理（图4-76）。

（4）后中片下拼块处理（图4-77）。

（5）面领片处理（图4-78）。

（6）袖片处理。

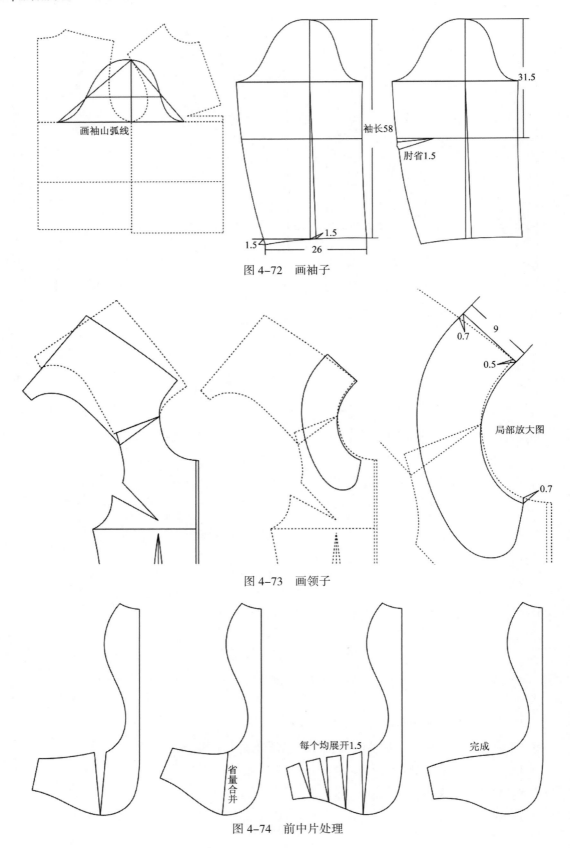

图4-72 画袖子

图4-73 画领子

图4-74 前中片处理

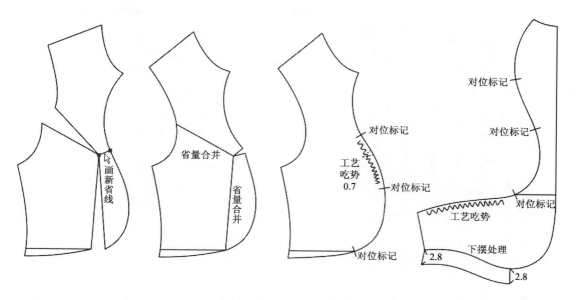

图 4-75 前侧片处理

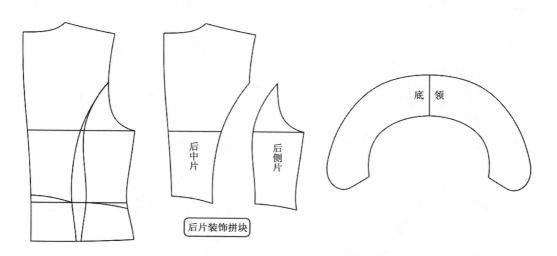

图 4-76 后中片、后侧片、底领、后片装饰拼块处理

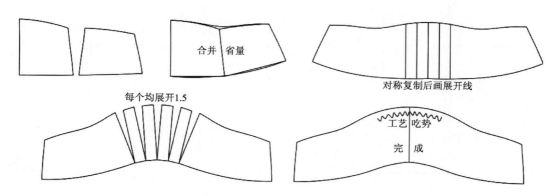

图 4-77 后片下拼块处理

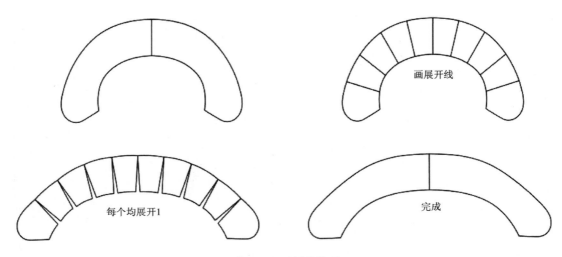

图 4-78　面领片处理

① 选择 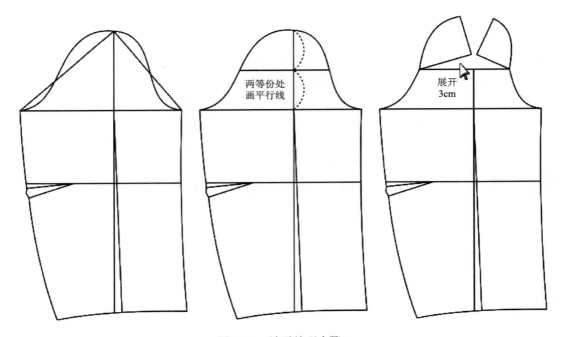移动工具，按住 Shift 键，进入【复制】功能，将袖子结构线复制在空白处。

② 选择 等分规工具，将袖山高分成两等份，然后用 智能笔工具从袖山高中点画一条平行线分别至前、后袖山弧线。

③ 选择 剪断线工具，将袖山弧线从袖中线顶点剪断，前、后袖山弧线和袖中线与平行线交叉处剪断。

④ 选择 旋转工具，按住 Shift 键，进入【旋转】功能，分别将前、后袖山上半部分展开 3cm（图 4-79）。

图 4-79　袖子处理步骤 1

⑤ 选择 ✐ 智能笔工具，重新画袖山弧线，选择 ↘ 调整工具调顺袖山弧线。

⑥ 选择 ✐ 智能笔工具，根据款式造型需要画好袖子分割线。

⑦ 选择 ✂ 剪断线工具，将分割线从平行线处剪断，选择 ⟞⟝ 等分规工具，把分割线分成六等份。

⑧ 选择 ✐ 长度比较工具，测量前、后袖窿弧线与袖山弧线的差量，然后选择 ✐ 智能笔工具，将袖山弧线的多余量平均分配后，画好省线（图 4-80）。

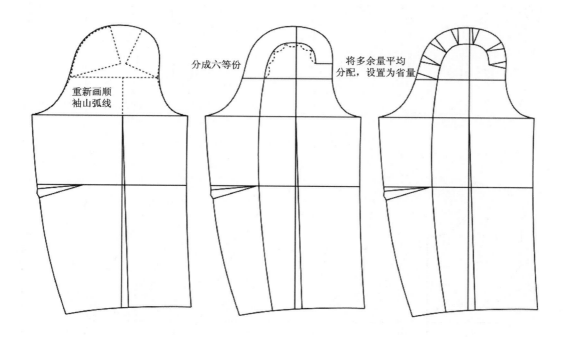

图 4-80　袖子处理步骤 2

⑨ 选择 ✂ 剪断线工具，将袖山弧线分别在每个省线处剪断，然后选择 ✐ 橡皮擦工具删除省线中间的线。

⑩ 选择 ✐ 旋转工具，按住 Shift 键，进入【旋转】功能，分别将前、后袖山弧线的省量旋转合并。

⑪ 选择 ✂ 剪断线工具，分别点击袖山弧线上的每一条段线，然后按右键结束，将段线连接为一条线；选择 ↘ 调整工具，调顺袖山弧线。

⑫ 选择 ⊞ 移动工具，按住 Shift 键，进入【复制】功能，将后袖片结构线复制在空白处。

⑬ 选择 ✂ 剪断线工具，将后袖片分割线从肘省省尖处剪断。

⑭ 选择 ✐ 旋转工具，按住 Shift 键，进入【旋转】功能，将后袖片肘省旋转合并。

⑮ 选择 ⊞ 移动工具，按住 Shift 键，进入【复制】功能，将前袖片结构线复制在空白处（图 4-81）。

（7）前片里料和挂面处理（图 4-82）。

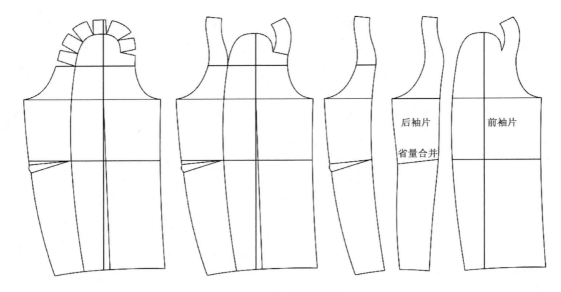

图 4-81　袖子处理步骤 3

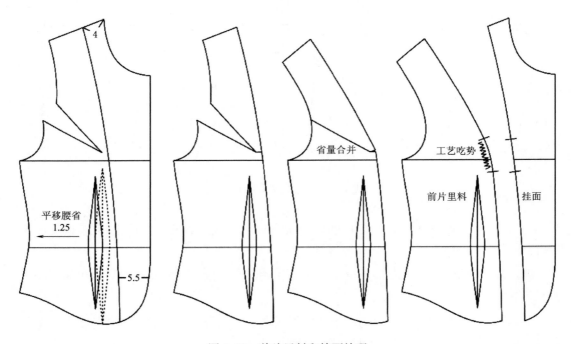

图 4-82　前片里料和挂面处理

（8）后片里料、袖里料和后领贴处理（图 4-83）。

3. 拾取纸样

（1）选择 ✂ 剪刀工具，拾取纸样的外轮廓线及对应纸样的内部线；点击右键切换成拾取衣片辅助线工具，拾取内部辅助线。

（2）选择 🖰 布纹线工具，将布纹线调整好（图 4-84）。

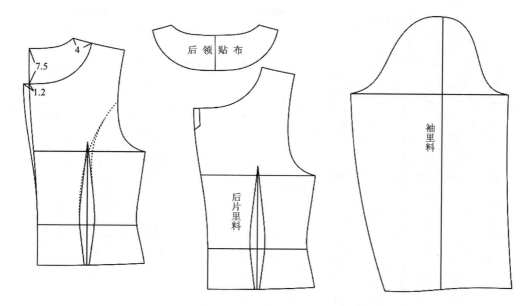

图 4-83 后片里料、袖里料和后领贴布处理

（3）加缝份（图 4-85）。

① 选择 📃 加缝份工具，将工作区的所有纸样统一加 1cm 缝份。

② 将后片下拼块的下摆线缝份和前袖片、后袖片的袖口线修改为 3.8cm。

③ 选择 📃 加缝份工具，按一下 Shift 键，把光标切换成 ⇲ 后，分别在靠近切角的两边上单击即可。把后片上拼块与后侧片拼块的缝合缝边进行处理。

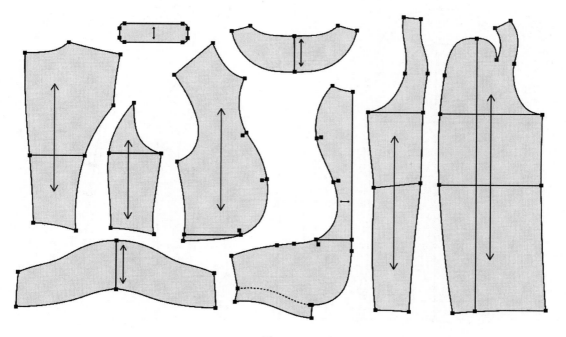

图 4-84

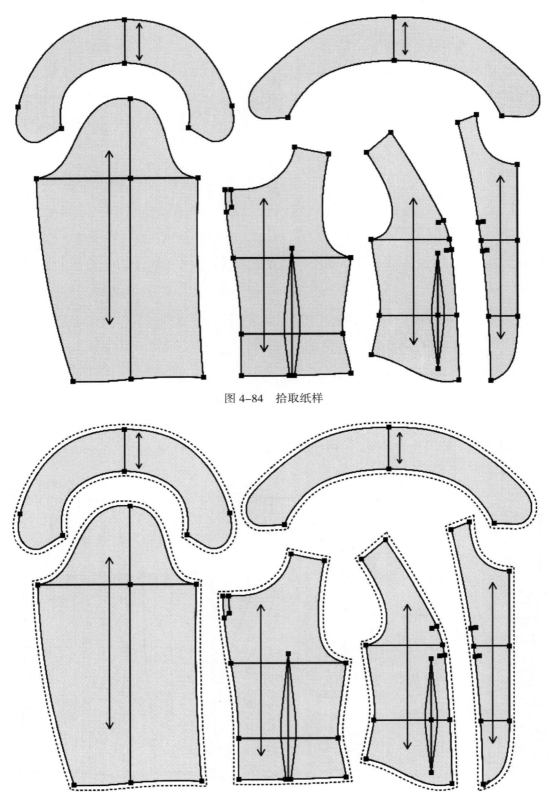

图 4-84　拾取纸样

图 4-85

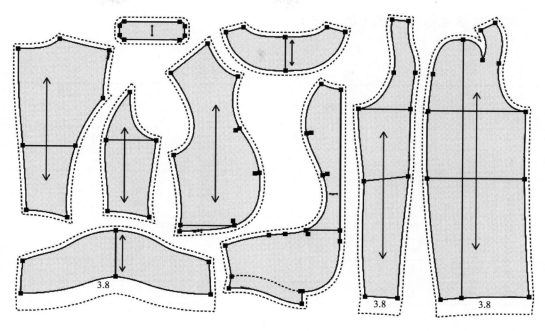

图 4-85 加缝份

第五节 时装大衣

一、时装大衣款式效果图（图4-86）

正面　　　　　　　　　背面

图 4-86 时装大衣款式效果图

二、时装大衣规格尺寸表（表4-5）

表 4-5　时装大衣规格尺寸表　　　　　　　　　单位：cm

部位＼号型	155/80A	160/84A	165/88A	170/92A	档差
衣长	84	86	88	90	2
肩宽	38	39	40	41	1
胸围	92	96	100	104	4
腰围	76	80	84	88	4
摆围	132	136	140	144	4
袖长	56.5	58	59.5	61	1.5
袖肥	32	33.6	35.2	36.8	1.6
袖口围	24	25	26	27	1

三、时装大衣 CAD 制板步骤

首先单击【号型】菜单→【号型编辑】,在设置号型规格表中输入尺寸（此操作可有可无）（图 4-87）。

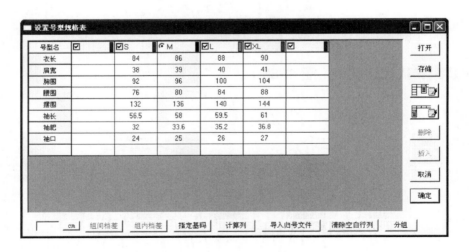

图 4-87　设置号型规格表

1.画结构图

（1）运用第三章所学的知识，绘制好女装上衣原型结构图，将女装上衣原型结构图作为基础绘制时装大衣结构图。

① 选择 旋转工具，按着 Shift 键进入【旋转】功能。将后片$\frac{2}{3}$的肩省量转移至后袖

窿作为吃势量，$\frac{1}{3}$的肩省量保留在肩缝线作为吃势量（具体操作步骤在第三章有详细介绍）。

②选择 🔲 旋转工具，按着 Shift 键进入【旋转】功能，将前侧腰省闭合。选择 🖊 智能笔工具画横省线，再用 ✂ 剪断线工具，将侧缝线从横省线处剪断。

③选择 🔲 旋转工具，按着 Shift 键进入【旋转】功能，将袖窿省转移至侧缝。

④选择 ✂ 剪断线工具，点击前片袖窿弧线的两段线，按右键结束，将两条线接成一条线，然后用 ➚ 调整工具调顺袖窿弧线。

⑤选择 🔲 旋转工具，按着 Shift 键进入【旋转】功能。将横省量转移一部分至腰省中，使前片腰围线保持水平状态。

⑥把线型改变为虚线 ┌──────┐，选择 ▨ 设置线的颜色类型工具，点击女装上衣原型结构线改变为虚线（图4-88）。

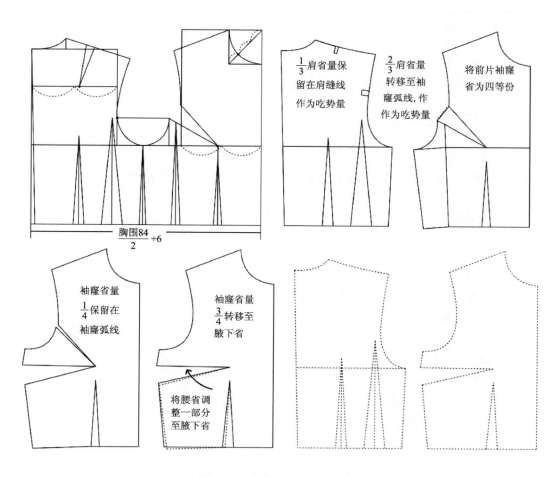

图4-88　女装上衣原型结构图

（2）如图4-89所示，选择 🖊 智能笔工具，依女装上衣原型结构线为基础画时装大衣前片、后片基础线，选择 ➚ 调整工具调顺袖窿弧线。

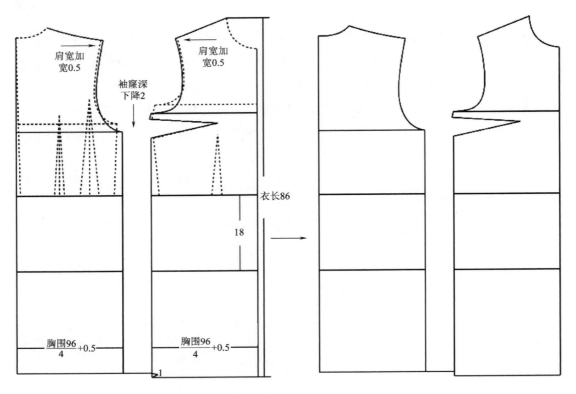

图 4-89　时装大衣前片、后片基础线

（3）如图 4-90 所示，参照前面学习的内容，画好时装大衣结构图。

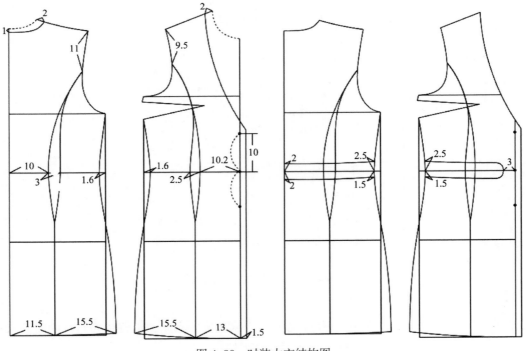

图 4-90　时装大衣结构图

（4）如图4-91所示，参照前面学习的内容，画好时装大衣领子和驳头结构图。

（5）画袖子（参照第三节登驳领西装画两片袖的方法画好两片袖）。

① 确定好袖山高后，画袖山斜线（图4-92）。

② 画好两片袖（图4-93）。

2. 样片处理

（1）后片下拼块处理（图4-94）。

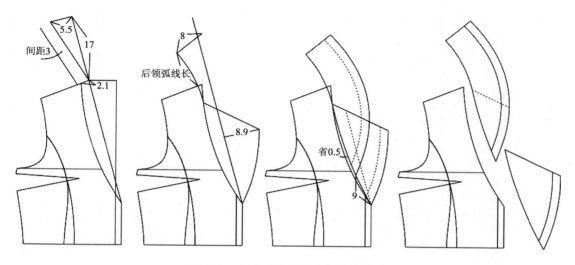

图4-91 时装大衣领子和驳头结构图

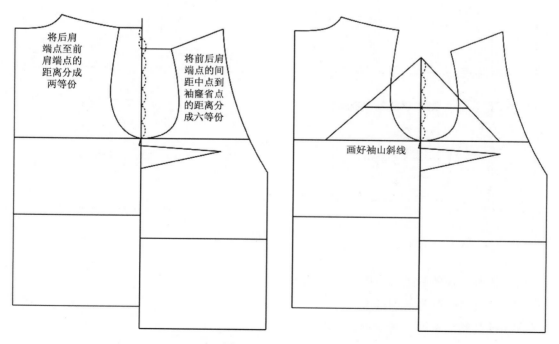

图4-92 画袖山斜线

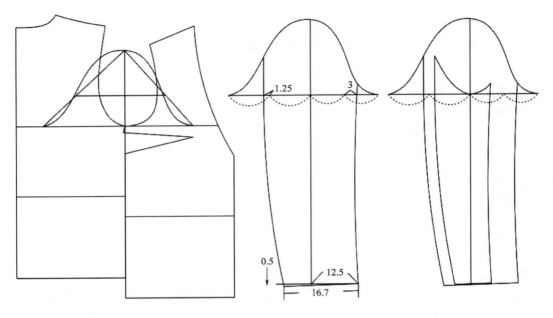

图 4-93　画好两片袖

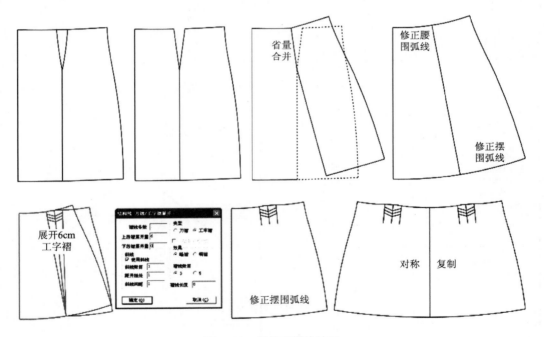

图 4-94　后片下拼块处理

（2）前片和前侧片处理（图 4-95、图 4-96）。

（3）后片腰头处理（图 4-97）。

（4）前片腰头和腰头拼块处理（图 4-98）。

（5）后片上拼块和后侧片上拼块处理（图 4-99）。

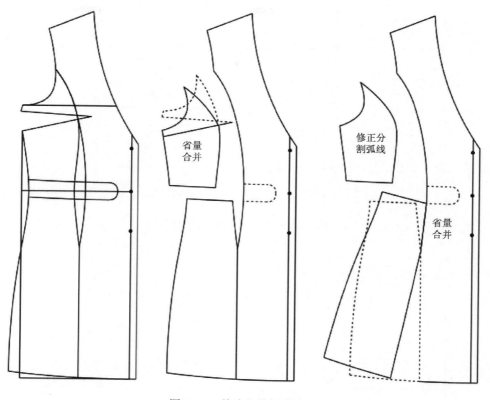

图 4-95 前片和前侧片处理

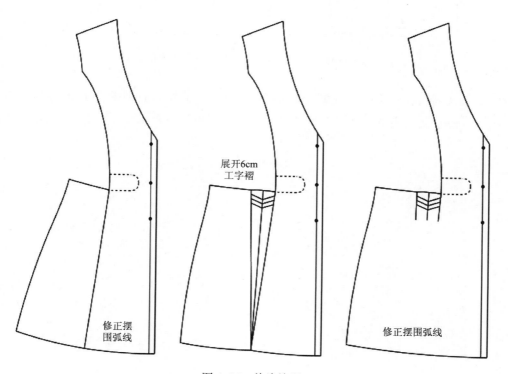

图 4-96 前片处理

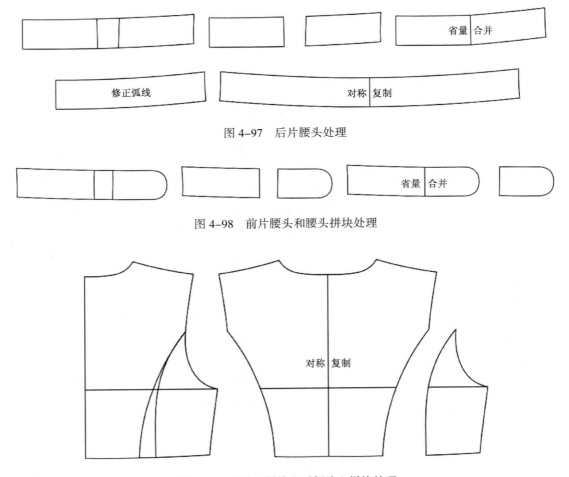

图4-97　后片腰头处理

图4-98　前片腰头和腰头拼块处理

图4-99　后片上拼块和后侧片上拼块处理

（6）驳头面料、驳头面料拼块、驳头里料、底领、面领、面领拼块处理（图4-100）。

（7）后领贴、后（前）片里料上片拼块、后（前）片里料下片拼块、挂面处理（图4-101）。

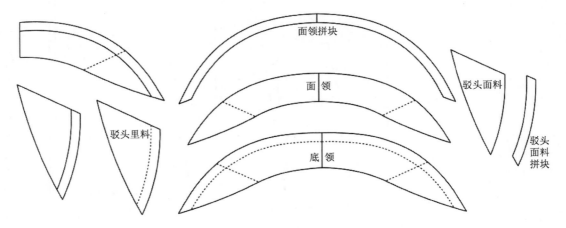

图4-100　驳头面料、驳头面料拼块、驳头里料、底领、面领、面领拼块处理

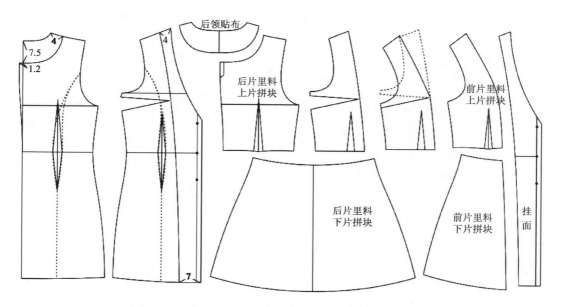

图 4-101 后领贴、后（前）片里料上片拼块、后（前）片里料下片拼块、挂面处理

3. 拾取纸样

（1）选择 ✂ 剪刀工具，拾取纸样的外轮廓线及对应纸样的内部线；点击右键切换成拾取衣片辅助线工具，拾取内部辅助线。

（2）选择 🖌 布纹线工具，将布纹线调整好（图 4-102）。

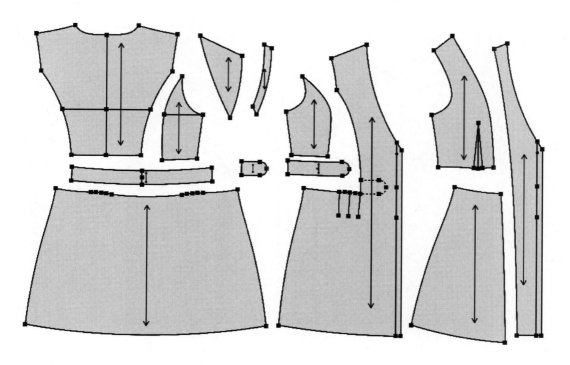

图 4-102

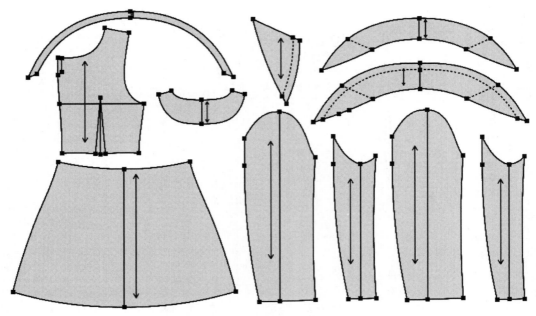

图 4-102　拾取纸样

（3）加缝份（图 4-103）。

① 选择 加缝份工具，将工作区的所有纸样统一加 1cm 缝份。

② 将前片下拼块、后片下拼块、挂面的下摆线缝份修改为 3.8cm。

③ 将大袖和小袖袖口线的缝份修改为 3.8cm。

④ 选择 加缝份工具，按一下 Shift 键，把光标切换成 后，分别在靠近切角的两边上单击即可。把大袖（大袖里料）与小袖（小袖里料）的缝合缝边进行处理、后片上拼

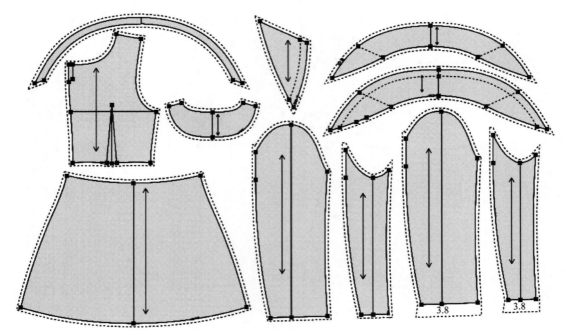

图 4-103

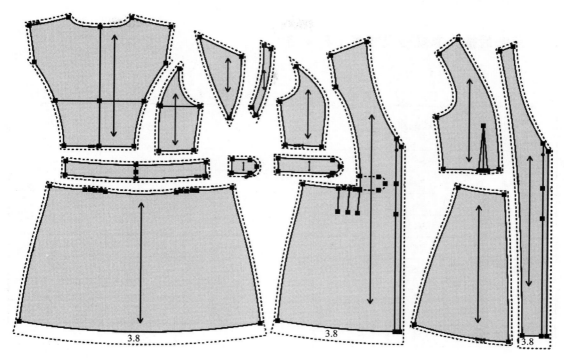

图 4-103　加缝份

块与后侧片上拼块的缝合缝边进行处理。

第六节　前圆后插大衣

一、前圆后插大衣款式效果图（图 4-104）

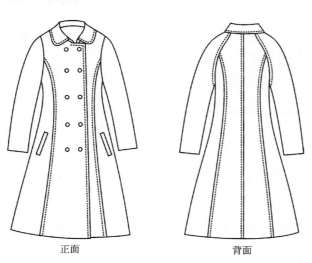

正面　　　　　　　　　背面

图 4-104　前圆后插大衣款式效果图

二、前圆后插大衣规格尺寸表（表4-6）

表4-6   前圆后插大衣规格尺寸表   单位：cm

部位＼号型	155/80A	160/84A	165/88A	170/92A	档差
衣长	84	86	88	90	2
肩宽	39	40	41	42	1
领围	46	47	48	49	1
胸围	94	98	102	106	4
腰围	78	82	86	90	4
摆围	128	132	136	140	4
袖长	56.5	58	59.5	61	1.5
袖肥	33.4	35	36.6	38.2	1.6
袖口围	26	27	28	29	1

三、前圆后插大衣 CAD 制板步骤

首先单击【号型】菜单→【号型编辑】,在设置号型规格表中输入尺寸(此操作可有可无)（ 图 4-105 ）。

图 4-105   设置号型规格表

1. 画结构图

（ 1 ）运用第三章所学的知识，绘制好女装上衣原型结构图，将女装上衣原型结构图作为基础绘制前圆后插大衣结构图。

① 选择 旋转工具，按着 Shift 键进入【旋转】功能。将后片 $\frac{2}{3}$ 的肩省量转移至后袖窿作为吃势量，$\frac{1}{3}$ 的肩省量保留在肩缝线作为吃势量(具体操作步骤在第三章有详细介绍)。

② 选择 旋转工具，按着 Shift 键进入【旋转】功能，将前侧腰省闭合。选择 智能笔工具画横省线，再用 剪断线工具，将侧缝线从横省线处剪断。

③ 选择 等分规工具，将袖窿省分成三等份，$\frac{1}{3}$ 袖窿省保留在袖窿弧线作为吃势量。选择 旋转工具，按着 Shift 键进入【旋转】功能，将 $\frac{2}{3}$ 袖窿省转移至腋下省（侧缝）。

④ 选择 剪断线工具，点击前片袖窿弧线的两段线，按右键结束，将两条线接成一条线，然后用 调整工具调顺袖窿弧线。

⑤ 选择 旋转工具，按着 Shift 键进入【旋转】功能。将横省量转移一部分至腰省中，使前片腰围线保持水平状态。

⑥ 把线型改变为虚线 ，选择 设置线的颜色类型工具，点击女装上衣原型结构线改变为虚线（图 4-106）。

（2）如图 4-107 所示，选择 智能笔工具，依女装上衣原型结构线为基础，画前圆后插大衣前、后片基础线，选择 调整工具调顺袖窿弧线。

（3）如图 4-108 所示，参照前面学习的内容，画好前圆后插大衣结构图。

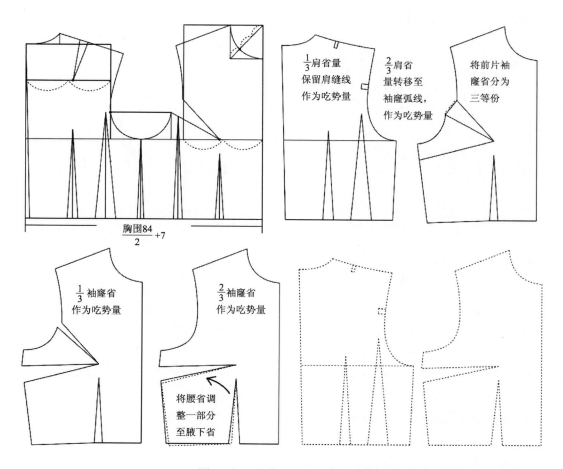

图 4-106 女装上衣原型结构图

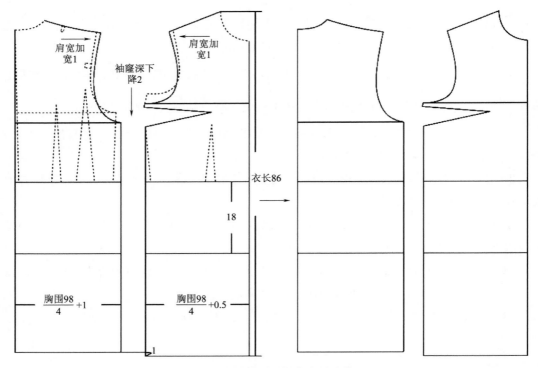

图 4-107 前圆后插大衣基础线

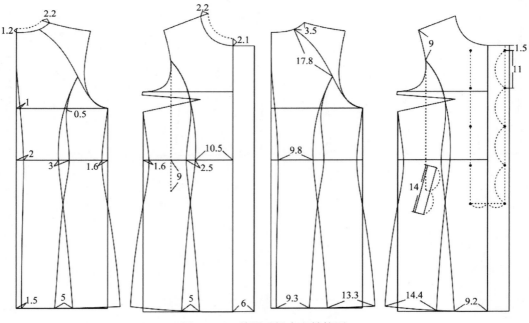

图 4-108 前圆后插大衣结构图

（4）如图 4-109 所示，参照前面学习的内容，画好领子结构图。

（5）画袖子。

① 确定好袖山高后，画袖山斜线（图 4-110）。

② 画一片袖后，除去多余量（图 4-111）。

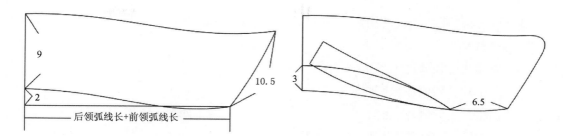

图 4-109 领子结构图

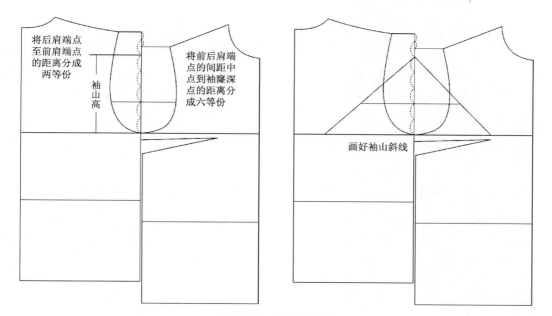

图 4-110 画袖山斜线

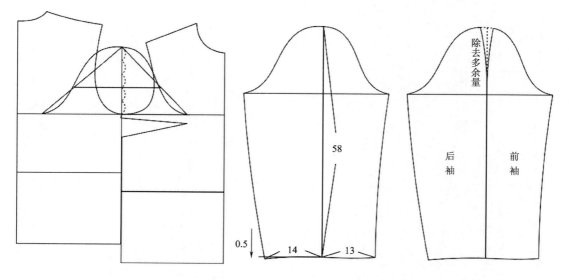

图 4-111 一片袖除去多余量

③后片插肩袖（图4–112）。

2.样片处理

（1）领座和面领处理（图4–113）。

（2）后中片、后侧片、后袖片处理（图4–114）。

（3）前中片、前侧片、前袖片、袋布、袋口布、垫袋布处理（图4–115）。

（4）后领贴布、后中片里料、后侧片里料、后袖片里料、前袖片里料处理（图4–116）。

（5）前中片里料、前侧片里料、挂面处理（图4–117）。

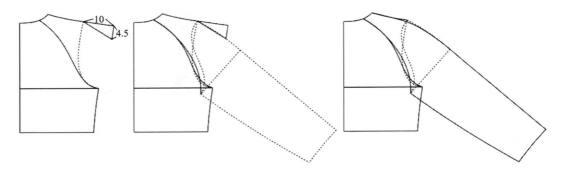

图4–112 后片插肩袖

图4–113 领座和面领处理

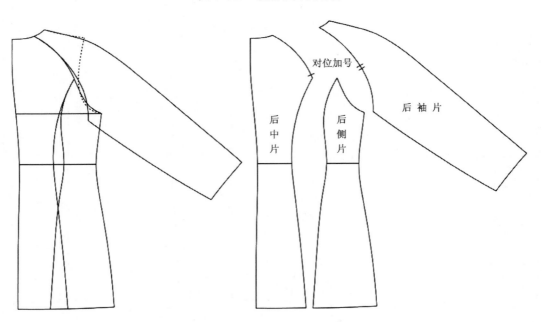

图4–114 后中片、后侧片、后袖片处理

3. 拾取纸样

（1）选择 ✂️ 剪刀工具，拾取纸样的外轮廓线及对应纸样的内部线；点击右键切换成拾取衣片辅助线工具，拾取内部辅助线。

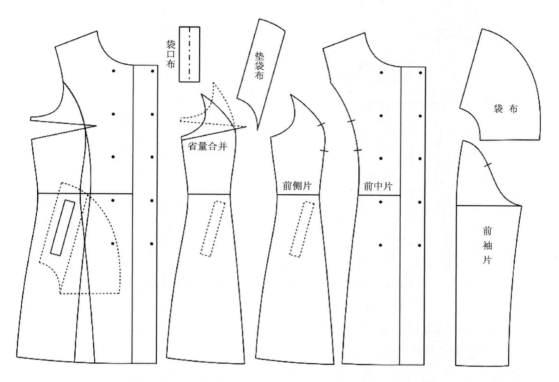

图4-115 前中片、前侧片、前袖片、袋布、袋口布、垫袋布处理

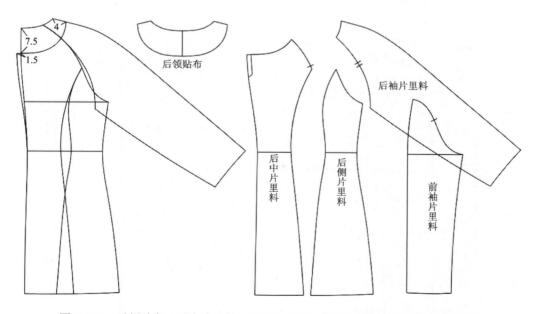

图4-116 后领贴布、后中片里料、后侧片里料、后袖片里料、前袖片里料处理

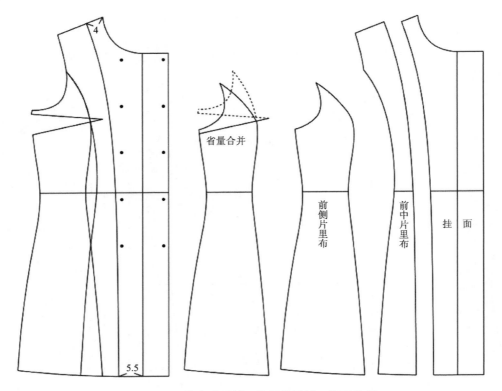

图 4-117　前中片里料、前侧片里料、挂面处理

（2）选择 布纹线工具，将布纹线调整好（图 4-118）。

（3）加缝份（图 4-119）。

① 选择 加缝份工具，将工作区的所有纸样统一加 1cm 缝份。

② 将前中片、前侧片、挂面、后中片、后侧片的下摆线缝份修改为 3.8cm。

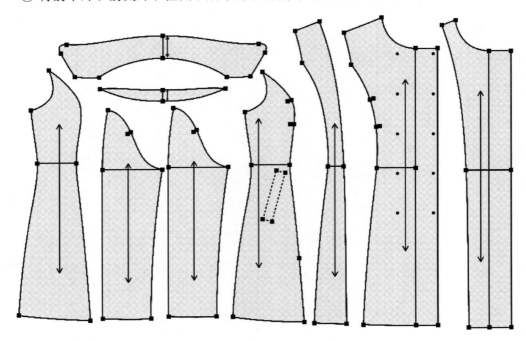

图 4-118

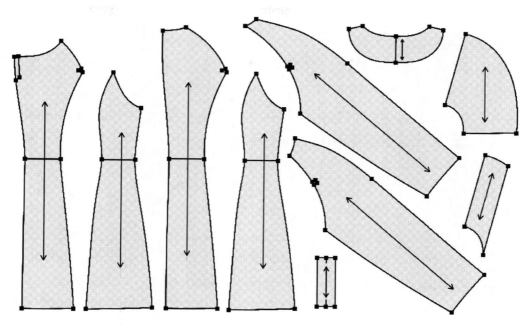

图 4-118　拾取纸样

③ 将前袖片和后袖片袖口线的缝份修改为 3.8cm。

④ 选择 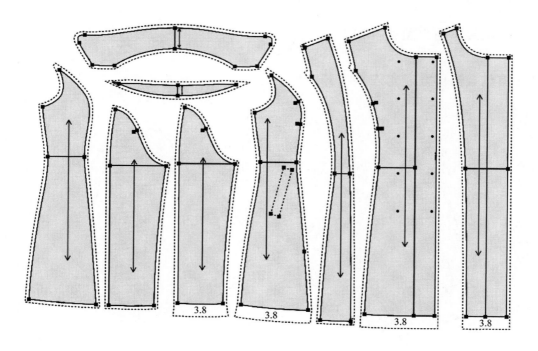 加缝份工具，按一下 Shift 键，把光标切换成 前 后，分别在靠近切角的两边上单击即可。把前中片（前中片里料）与前侧片（前侧片里料）的缝合缝边进行处理。

图 4-119

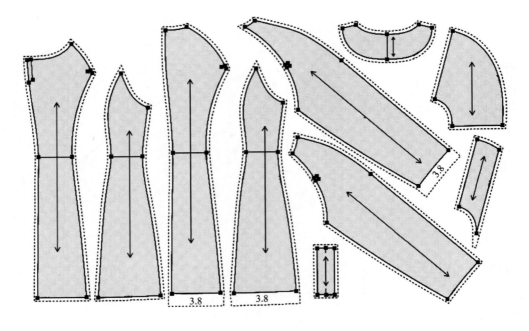

图 4-119　加缝份

第七节　披风

一、披风效果图（图 4-120）

二、披风规格尺寸表（表 4-7）

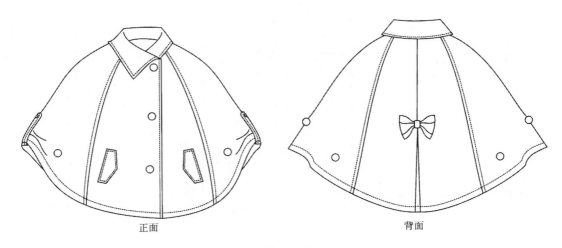

正面　　　　　　　　　　　　　　背面

图 4-120　披风效果图

表4-7 披风规格尺寸表

单位：cm

号型 部位	155/80A	160/84A	165/88A	170/92A	档差
衣长	64.5	66	67.5	69	1.5
肩宽（基本型）	37	38	39	40	1
领围	49	50	51	52	1
胸围（基本型）	92	96	100	104	4
摆围（展开弧度）	293	297	301	305	4

三、披风 CAD 制板步骤

首先单击【号型】菜单→【号型编辑】,在设置号型规格表中输入尺寸（此操作可有可无）（图4-121）。

1.画结构图

（1）运用第三章所学的知识，绘制好的女装上衣原型结构图，将女装上衣原型结构图作为基础绘制披风结构图。

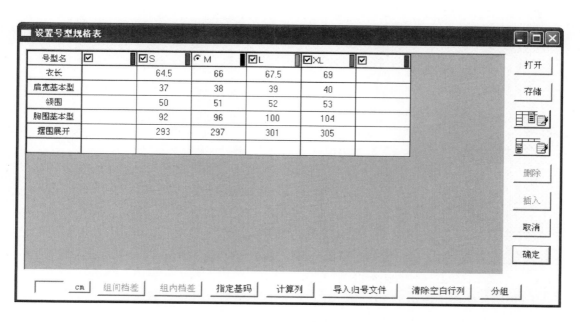

图4-121 设置号型规格表

① 选择 旋转工具，按着 Shift 键进入【旋转】功能。将后片 $\frac{2}{3}$ 的肩省量转移至后袖窿作为吃势量，$\frac{1}{3}$ 的肩省量保留在肩缝线作为吃势量（具体操作步骤在第三章有详细介绍）。

②选择 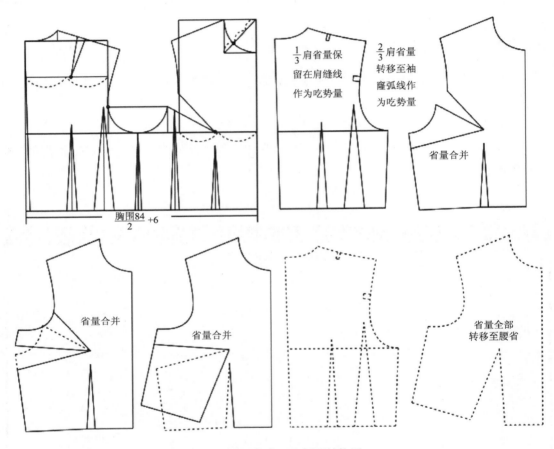 旋转工具，按着 Shift 键进入【旋转】功能，将前片的侧腰省闭合，然后将袖窿省转省至腰省。

③把线型改变为虚线 ┈┈ ，选择 ▨ 设置线的颜色类型工具，点击女装上衣原型结构线改变为虚线（图4-122）。

（2）如图4-123所示，依女装上衣原型结构线为基础，画好披风结构图。

（3）如图4-124所示，画好披风领子结构图。

2. 样片处理

图 4-122　女装上衣原型结构图

（1）后片处理（图4-125）。

（2）面料裁片（图4-126）。

（3）里料处理（图4-127）。

3. 拾取纸样

（1）选择 ✂ 剪刀工具，拾取纸样的外轮廓线及对应纸样的内部线；点击右键切换成拾取衣片辅助线工具，拾取内部辅助线。

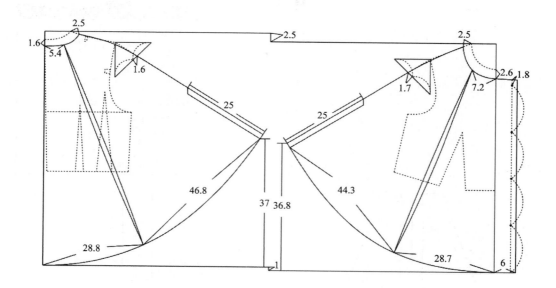

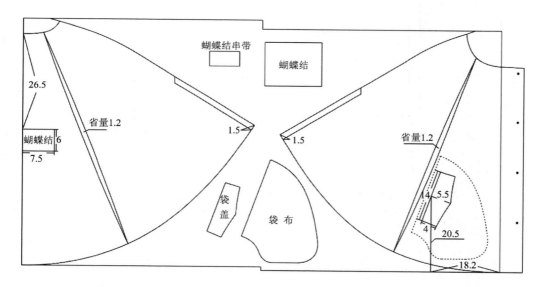

图 4-123　披风结构图

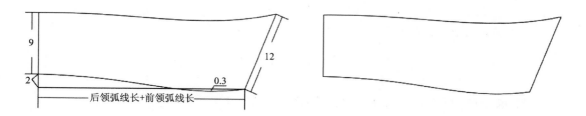

图 4-124　披风领结构图

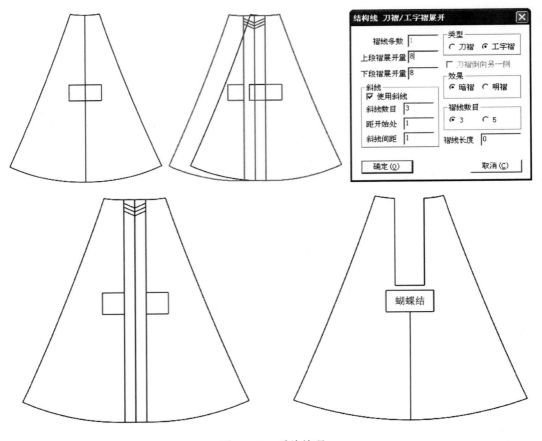

图 4-125　后片处理

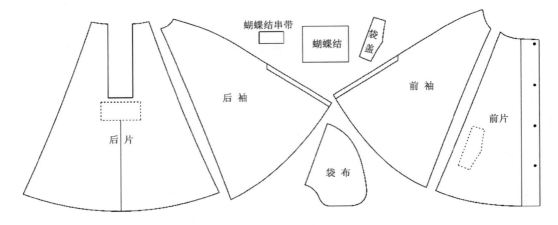

图 4-126　面料裁片

（2）选择 布纹线工具，将布纹线调整好（图 4-128）。

（3）加缝份（图 4-129）。

① 选择 加缝份工具，将工作区的所有纸样统一加 1cm 缝份。

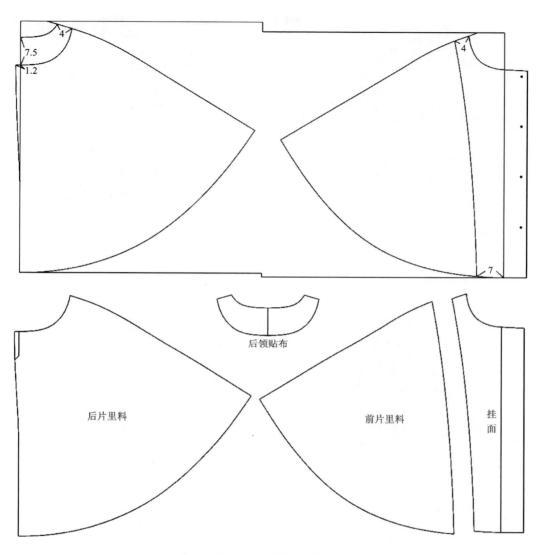

图 4-127　里料处理

② 将前片、后片、挂面的下摆线缝份以及前袖片、后袖片袖口的缝份修改为 3.8cm。

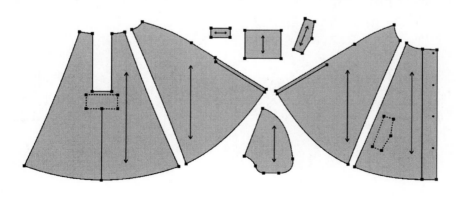

图 4-128

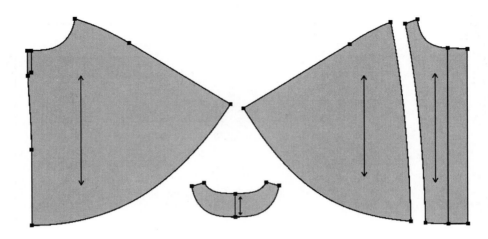

图 4-128　拾取纸样

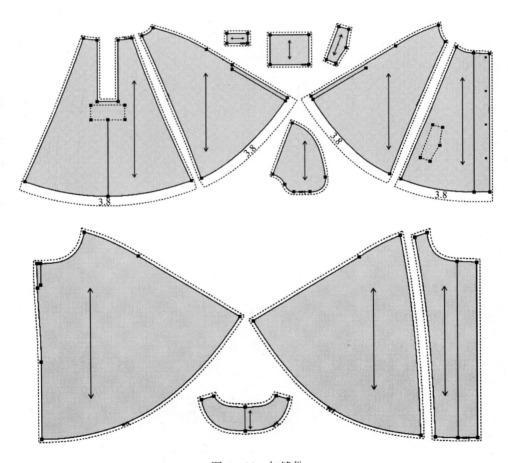

图 4-129　加缝份

第五章　下装 CAD 制板

下装主要包括裙子和裤子。裙子是女性着装的常用服装品类，其款式多种多样，归纳起来有直筒裙、圆裙、节裙三大类。裙子一般以腰部、长度、围度的变化为主。腰部的变化有高腰、装腰（直腰）、低腰（弧形腰）三种之分。长度的变化有长裙、七分裙、膝裙、短裙等。不管裙子的裙腰和围度如何变化，都适合不同的长度。裤子是人们下装的主要服装品类之一。从长度上可以分为短裤、五分裤、七分裤、九分裤、长裤等。从款式造型可以分为合体和宽松两大类。

虽然裙子和裤子的款式千变万化，但是只要掌握基本裙子和裤子 CAD 制图规律和方法，任何款式的裙子和裤子 CAD 制板就不难了。本章通过 6 款不同造型的下装 CAD 制板，让读者掌握下装 CAD 制板的规律和技巧。

第一节　褶裙

一、褶裙款式效果图（图 5-1）

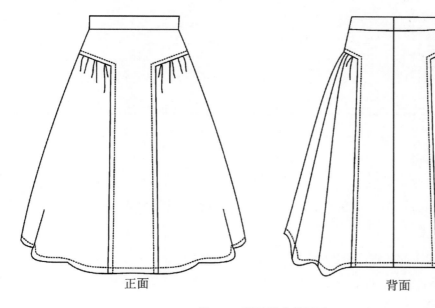

正面　　　　　　　　背面

图 5-1　褶裙款式效果图

二、褶裙规格尺寸表（表5-1）

表5-1　褶裙规格尺寸表　　　　　　　　　　　　单位：cm

号型 部位	155/64A	160/68A	165/72A	170/76A	档差
裙长	58.5	60	61.5	63	1.5
腰围	64	68	72	76	4
臀围	88	92	96	100	4
摆围	156	160	164	168	4

三、褶裙CAD制板步骤

首先单击【号型】菜单→【号型编辑】，在设置号型规格表中输入尺寸（此操作可有可无）（图5-2）。

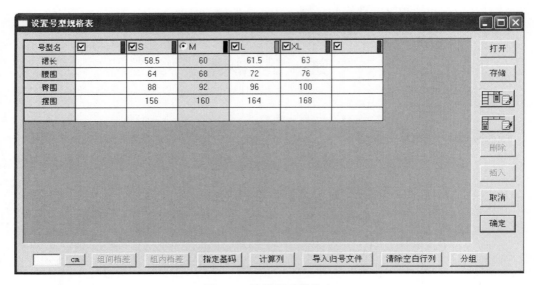

图5-2　设置号型规格表

1.画前片结构图

（1）画前片矩形（图5-3）。

选择 🖊 智能笔工具，在空白处拖定出57cm（裙长，计算公式：裙长 60cm- 腰头宽 3cm）×23cm（计算公式：$\dfrac{臀围92cm}{4}$）的矩形。

（2）画平行线（前片臀围线）（图5-4）。

选择 🖊 智能笔工具，按住 Shift 键，进入【平行线】功能。输入臀高 16.5cm（计算公式：臀高 18cm- $\dfrac{腰头高 3cm}{2}$）。

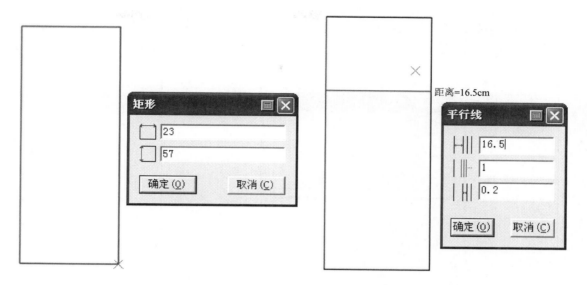

图 5-3　画前片矩形　　　　　　　　　图 5-4　画前片臀围线

（3）画腰口线（图 5-5）。

选择 ✐ 智能笔工具，在腰围基础线前中点按 Enter 键，出现移动量对话框输入横向移动量 –21cm（计算公式：$\dfrac{\text{腰围 68cm}}{4} + \text{省量 4cm}$），纵向移动量 1.2cm（起翘量），然后与腰围基础线前中点相连作为腰口线。

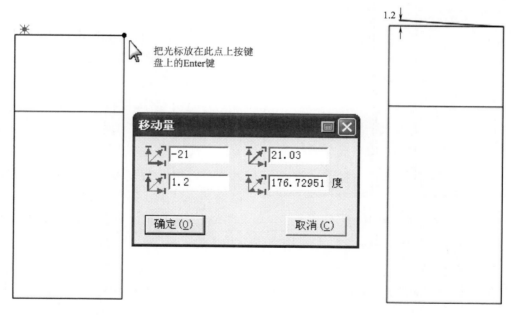

图 5-5　画腰口线

（4）画侧缝线（图 5-6）。

选择 ✐ 智能笔工具，连接侧缝线，在摆围基础线前中点按 Enter 键，出现【移动量】

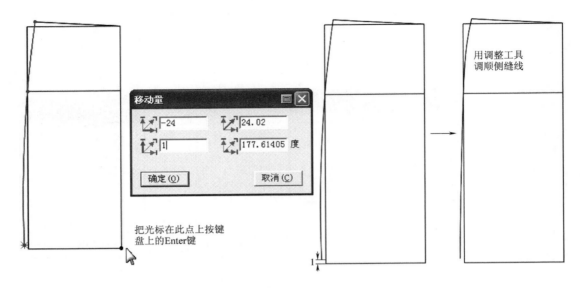

图5-6 画侧缝线

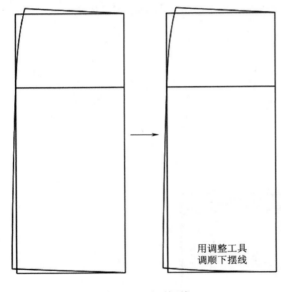

图5-7 画下摆线

对话框，输入横向移动量 –24cm（计算公式：$\dfrac{96cm}{4}$），纵向移动量 1cm（起翘量），并用 调整工具调顺侧缝线。

（5）画下摆线（图5-7）。

选择 智能笔工具连接下摆线，并用 调整工具调顺下摆线。

（6）画腰省。

① 选择 橡皮擦工具删除不要的线段。用 等分规工具将腰口基础线分成三等份，选择 智能笔工具，按着 Shift 键，进入【三角板】功能。左键点击侧缝端点拖到等分端点，第一条省长 9cm，然后用同样的方法将第二省长设置为 10.5cm（图5-8）。

② 选择 智能笔工具，按着 Shift 键，右键框选前腰口基础线，点击开省线，出现【省宽】对话框，输入 2cm 省量，确认后点击右键调顺腰口弧线，单击右键结束（图5-9），第一省画出。

③ 选择 智能笔工具，按着 Shift 键，右键框选前腰口基础线，点击开省线，出现【省宽】对话框，输入 2cm 省量，确认后点击右键调顺腰口弧线，单击右键结束（图5-10），第二省画出。

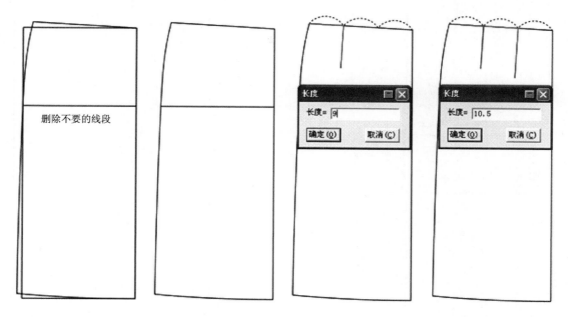

图 5-8　确定省长线

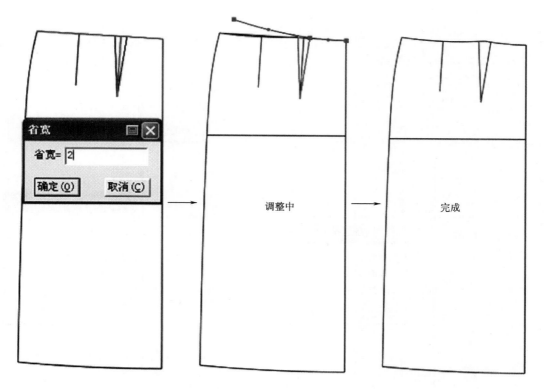

图 5-9　画第一腰省

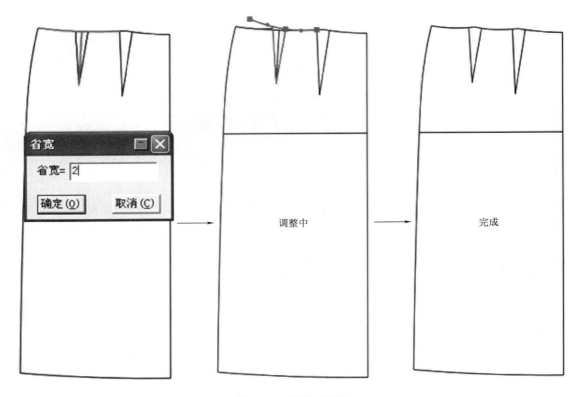

图 5–10　画第二腰省

2. 画后片结构图和腰头

（1）画后中线（图 5–11）。

① 选择 移动工具，按着 Shift 键进入【复制】功能，将前片矩形复制作为后片矩形。

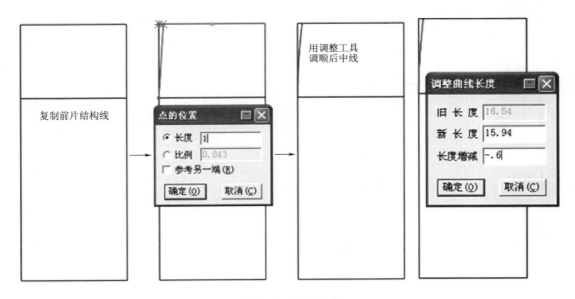

图 5–11　画后中线

②选择 ✎ 智能笔工具，从后中线臀围端点画一条线与腰口线距后中线 1cm 处相连，作为后中线基础线，然后用 ↖ 调整工具调顺后中线基础线。

③选择 ✎ 智能笔工具，按着 Shift 键，右键点击后中线基础线上端部分，进入【调整曲线长度】功能，输入增长量 –0.6cm。

（2）画腰口线（图 5–12）。

选择 ✎ 智能笔工具，在腰围基础线后中点按 Enter 键，出现【移动量】对话框，输入横向移动量 21cm（计算公式：$\dfrac{\text{腰围 68cm}}{4}$ + 省量 4cm），纵向移动量 1.2cm（起翘量），然后与腰围基础线前中点相连作为腰口线。

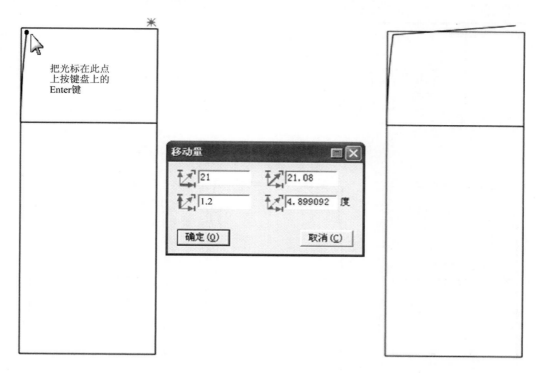

图 5–12 画腰口线

（3）画侧缝线（图 5–13）。

选择 ✎ 智能笔工具连接侧缝线，在摆围基础线后中点按 Enter 键，出现【移动量】对话框，输入横向移动量 24cm（计算公式：$\dfrac{\text{摆围 96cm}}{4}$），纵向移动量 1cm（起翘量），并用 ↖ 调整工具调顺侧缝线。

（4）画下摆线（图 5–14）。

选择 ✎ 智能笔工具连接下摆线，并用 ↖ 调整工具调顺下摆线。

（5）画腰省。

①选择 ✐ 橡皮擦工具，删除不要的线段。用 ⚏ 等分规工具将腰口基础线分成三等份，选择 ✎ 智能笔工具，按着 Shift 键，进入【三角板】功能。左键点击侧缝端点拖到等分端点，

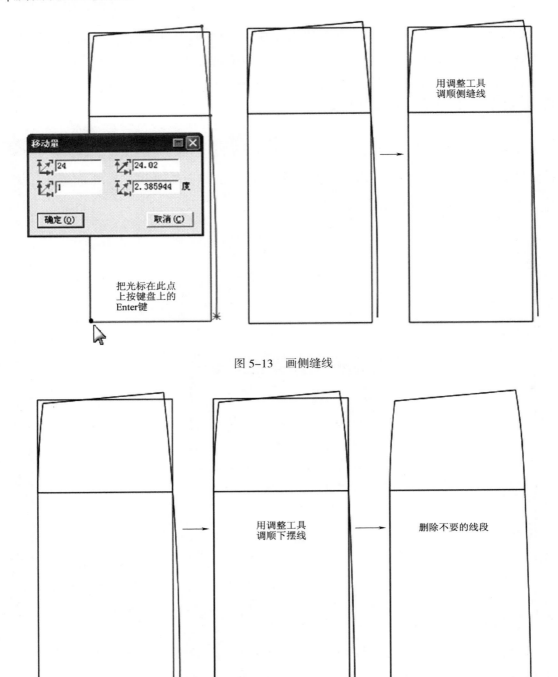

图 5-13　画侧缝线

图 5-14　画下摆线

第一个省长 10.5cm，然后用同样的方法将第二省长设置为 9cm（图 5-15）。

　　② 选择 ⚟ 智能笔工具，按着 Shift 键，右键框选前腰口基础线，点击开省线，出现【省宽】对话框，输入 2cm 省量，确认后点击右键，调顺腰口弧线，单击右键结束（图 5-16），

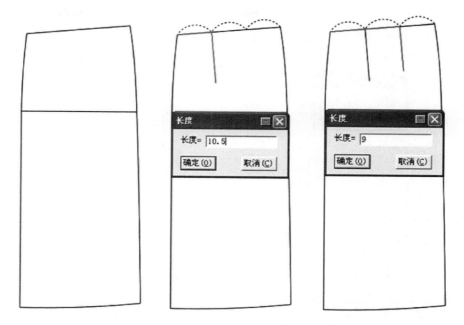

图 5-15　确定省长线

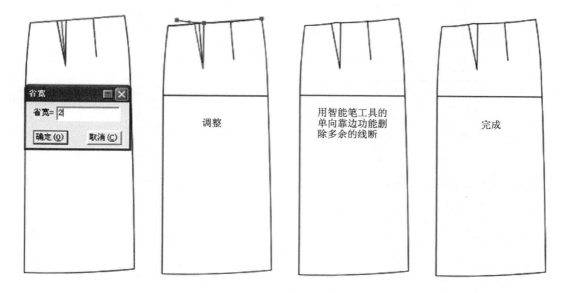

图 5-16　画第一腰省

画第一腰省。

③ 选择 ✐ 智能笔工具，按着 Shift 键，右键框选前腰口基础线，点击开省线，出现【省宽】对话框，输入 2cm 省量，确认后点击右键，调顺腰口弧线，单击右键结束（图 5-17），画第二腰省。

（6）画腰头（图 5-18）。

选择 ✐ 智能笔工具在空白处拖定 68cm（腰围）×6cm（腰头高）的矩形。

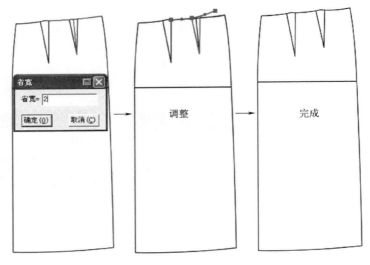

图 5-17　画第二腰省

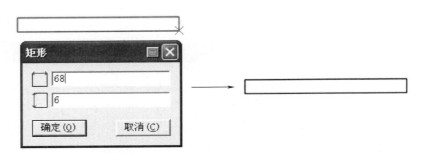

图 5-18　画腰头

3. 样片处理

（1）选择 ✏ 智能笔工具根据款式造型要求画好分割线，用 ▭ 等分规工具将臀围线和摆围线要展开处理的线段分成三等份，然后用 ✏ 智能笔工具画展开线（图 5-19、图 5-20）。

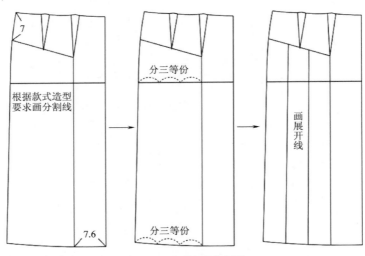

图 5-19　画前片分割线

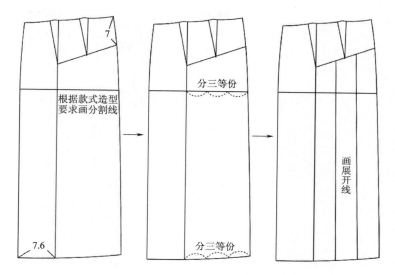

图 5-20　画后片分割线

（2）前片裁片处理（图 5-21、图 5-22）。

① 选择 ✐ 橡皮擦工具删除省山线，选择 ✂ 剪断线工具将侧缝线从分割线处剪断。

② 选择 ↻ 旋转工具，按着 Shift 键进入【旋转】功能，分别将两个腰省闭合。

③ 选择 ✂ 剪断线工具，依次点击腰口线的三段线，然后按右键结束，将三段线连接成一条线，并选择 ↖ 调整工具调顺腰口弧线。

④ 选择 ✂ 剪断线工具，依次点击分割线的两段线，然后按右键结束将两段线连接成一条线，并选择 ↖ 调整工具调顺分割弧线。

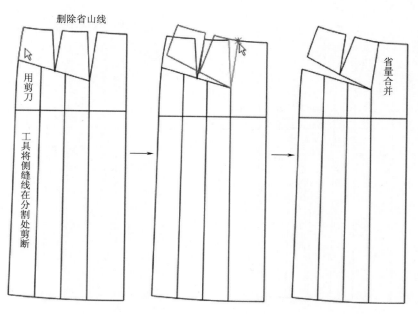

图 5-21　前片裁片处理步骤 1

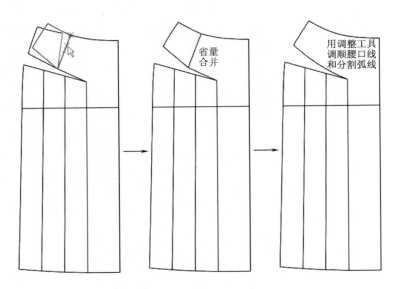

图 5-22　前片裁片处理步骤 2

（3）后片裁片处理与前片裁片处理方法完全一样（图 5-23、图 5-24）。

（4）侧片裁片处理。

①选择 移动工具，按着 Shift 键进入【复制】功能，将前片和后片要展开的部分复制到空白处。

②选择 移动工具，按着 Shift 键进入【移动】功能，将前片和后片要展开的部分上半部分重合在一起（图 5-25）。

③选择 剪断线工具，依次点击下摆线的两段线，然后按右键结束，将两段线连接成一条线（图 5-25）。

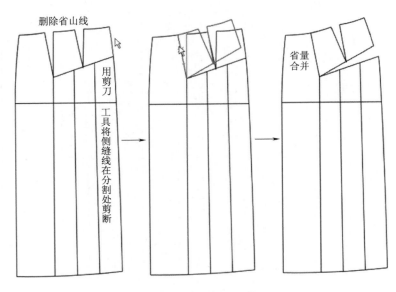

图 5-23　后片裁片处理步骤 1

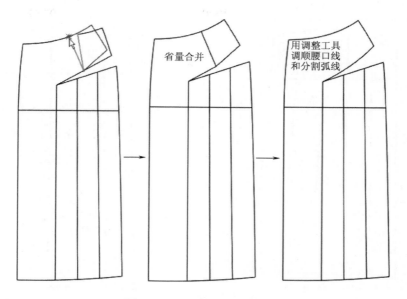

图 5-24　后片裁片处理步骤 2

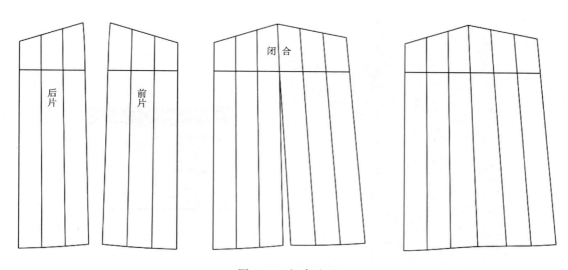

图 5-25　闭合处理

④ 选择 分割、展开、去除余量工具进行展开处理（图 5-26、图 5-27）。

⑤ 选择 旋转工具，按着 Shift 键进入【旋转】功能，将侧片依据中心线垂直校正样片（图 5-28）。

⑥ 选择 分割、展开、去除余量工具进行展开处理（图 5-29）。

⑦ 选择 剪断线工具，依次点击分割弧线的两段线，然后按右键结束，将两段线连接成一条线；然后用同样的方法把下摆弧线连接成一条线；选择 调整工具调顺分割弧线和下摆线（图 5-30）。

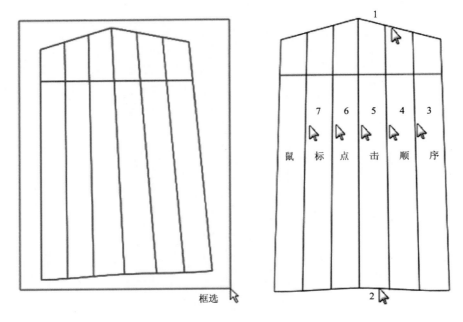

图 5-26　展开处理步骤 1

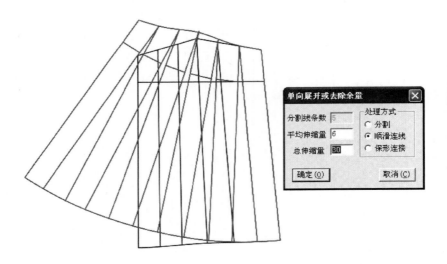

图 5-27　展开处理步骤 2

⑧ 选择 旋转工具，按着 Shift 键进入【旋转】功能，将侧片依据中心线垂直校正样片（图 5-30）。

（5）全部样片图（图 5-31）。

4. 拾取纸样

（1）选择 剪刀工具，拾取纸样的外轮廓线及对应纸样的内部线；点击右键切换成拾取衣片辅助线工具，拾取内部辅助线。

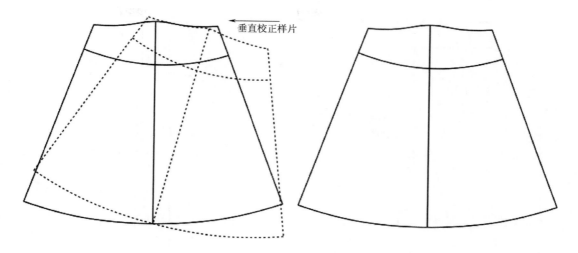

图 5-28 校正样片

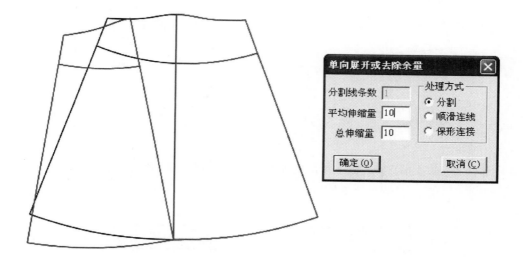

图 5-29 展开处理

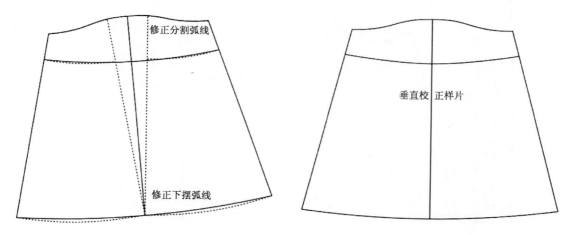

图 5-30 修正分割弧线和下摆弧线

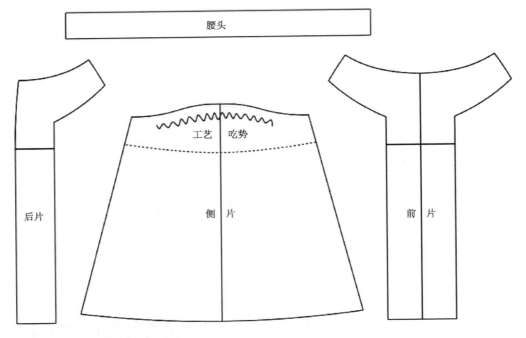

图5-31　样片图

（2）选择 布纹线工具，将布纹线调整好（图5-32）。

（3）加缝份（图5-33）。

① 选择 加缝份工具，将工作区的所有纸样统一加1cm缝份。

② 将前片、后片、侧片的下摆缝份修改为3cm。

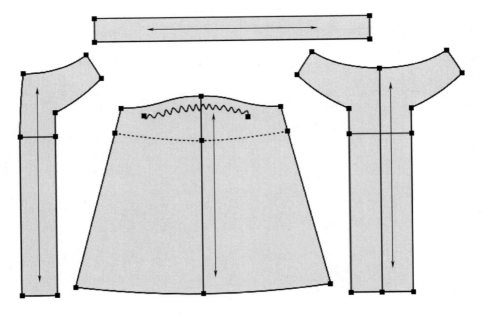

图5-32　拾取纸样

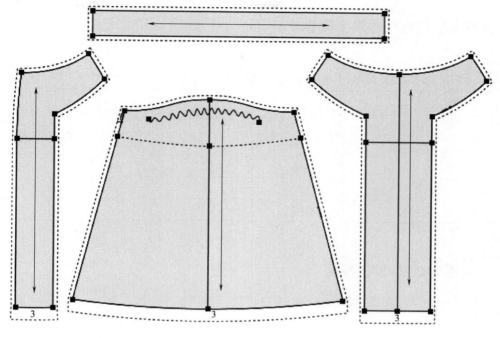

图 5-33　加缝份

第二节　育克褶裙

一、育克褶裙款式效果图（图5-34）

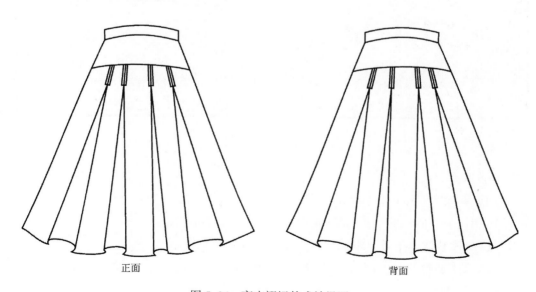

正面　　　　　　　　　　背面

图 5-34　育克褶裙款式效果图

二、育克褶裙规格尺寸表（表5-2）

表5-2　育克褶裙规格尺寸表　　　　　　　　　单位：cm

部位＼号型	155/64A	160/68A	165/72A	170/76A	档差
裙长	54.5	56	57.5	59	1.5
腰围	64	68	72	76	4
臀围	88	92	96	100	4
摆围	152	156	160	164	4

三、育克褶裙 CAD 制板步骤

首先单击【号型】菜单→【号型编辑】,在设置号型规格表中输入尺寸（此操作可有可无）（图 5-35 ）。

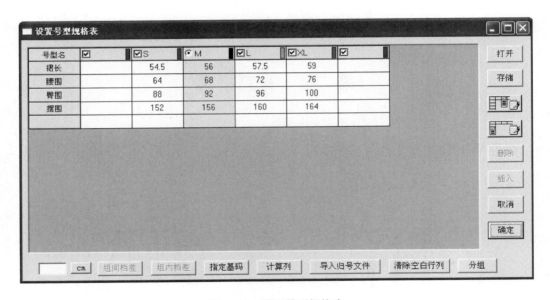

图 5-35　设置号型规格表

1. 样片处理

（1）画分割线和褶位线（图 5-36 ）。

① 运用第一节所学的褶裙 CAD 制板知识，画好裙片原型。

② 选择 ✐ 智能笔工具，根据款式造型要求画好分割线。

③ 选择 ➤ 调整工具，同时框选两个腰省的省尖，按 Enter 键，输入所需的数值，将腰省延长至分割线。

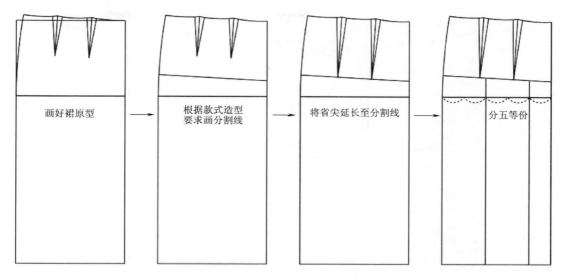

图 5-36　画分割线和褶位线

④ 选择 等分规工具，将臀围线分成五等份，然后用 智能笔工具画好褶位线。

（2）上片拼块和腰头样片处理（图 5-37）。

① 选择 移动工具，按着 Shift 键进入【复制】功能，将上片拼块和腰头部位复制到空白处，选择 橡皮擦工具删除省山线。

② 选择 剪断线工具，将分割线在两个省尖处剪断成 3 段线。

③ 选择 旋转工具，按着 Shift 键进入【旋转】功能，分别将两个腰省闭合。

④ 选择 剪断线工具，依次点击腰口线上的三段线，然后按右键结束，将三段线连接成一条线，并选择 调整工具调顺腰口弧线。

⑤ 选择 智能笔工具，按住 Shift 键，进入【平行线】功能，分别点击中心线和侧缝线，出现【平行线】对话框，输入腰头宽 3.5cm（图 5-38）。

⑥ 选择 移动工具，按着 Shift 键进入【复制】功能，将上片拼块和腰头复制到空白处。

⑦ 选择 对称工具，按着 Shift 键进入【对称复制】功能，分别将上片拼块和腰头对称复制（图 5-39）。

（3）工字褶处理。

① 选择 褶展开工具，框选要加褶的样片，按照图 5-40 所示，用鼠标点击顺序操作。

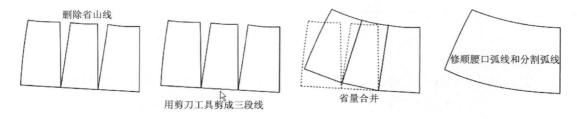

图 5-37　上片拼块和腰头样片处理步骤 1

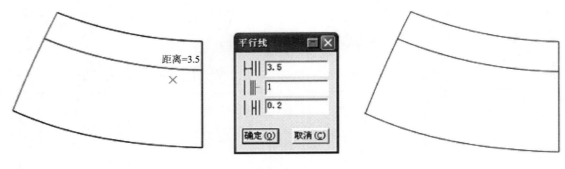

图 5-38　上片拼块和腰头样片处理步骤 2

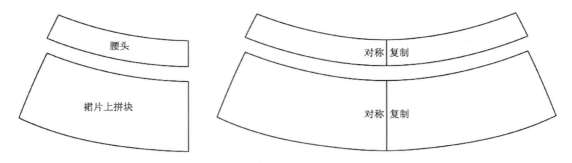

图 5-39　上片拼块和腰头样片处理步骤 3

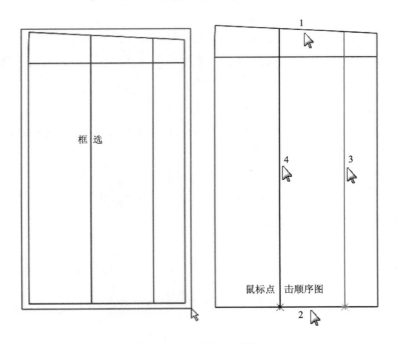

图 5-40　工字褶处理图 1

② 出现【结构线　刀褶／工字褶展开】对话框，输入工字褶量尺寸（图 5-41）。

③ 选择 ✂ 剪断线工具和 ✐ 智能笔工具，进行样片修正（图 5-42）。

④ 选择 ⋀ 对称工具，按着 Shift 键进入【对称复制】功能，将样片对称复制（图 5-43）。

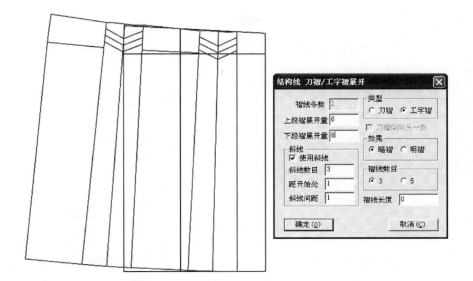

图 5-41 工字褶处理图 2

图 5-42 工字褶处理图 3

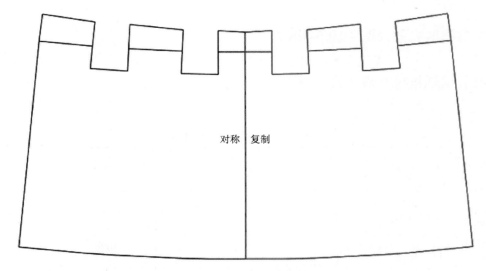

图 5-43 对称复制样片

2.拾取纸样

（1）选择 ✂ 剪刀工具，拾取纸样的外轮廓线及对应纸样的内部线；点击右键切换成拾取衣片辅助线工具，拾取内部辅助线。

（2）选择 🖾 布纹线工具，将布纹线调整好（图5-44）。

（3）加缝份（图5-45）。

① 选择 🖾 加缝份工具，将工作区的所有纸样统一加1cm缝份。

② 将前片、后片、侧片的下摆缝份修改为3cm。

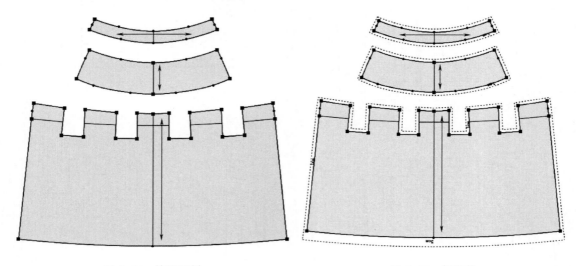

图5-44　拾取纸样　　　　　　　　　　图5-45　加缝份

第三节　浪节裙

一、浪节裙款式效果图（图5-46）

二、浪节裙规格尺寸表（表5-3）

表5-3　浪节裙规格尺寸表　　　　　　　　　单位：cm

号型 部位	155/64A	160/68A	165/72A	170/76A	档差
裙长	58.5	60	61.5	63	1.5
腰围	64	68	72	76	4
臀围	88	92	96	100	4
摆围	148	152	156	160	4

正面　　　　　　　　　　　　　背面

图 5-46　浪节裙款式效果图

三、浪节裙 CAD 制板步骤

首先单击【号型】菜单→【号型编辑】,在设置号型规格表中输入尺寸(此操作可有可无)（图 5-47）。

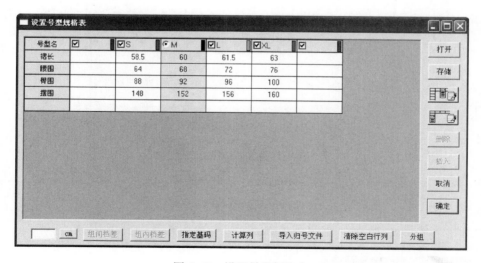

号型名	☑	☑S	☉M	☑L	☑XL	☑
裙长		58.5	60	61.5	63	
腰围		64	68	72	76	
臀围		88	92	96	100	
摆围		148	152	156	160	

图 5-47　设置号型规格表

1. 样片处理

（1）画分割线（图 5-48）。

① 运用第一节所学的褶裙 CAD 制板知识，画好裙片原型。

② 选择 〽 对称工具，按着 Shift 键进入【对称复制】功能，将结构线对称复制。

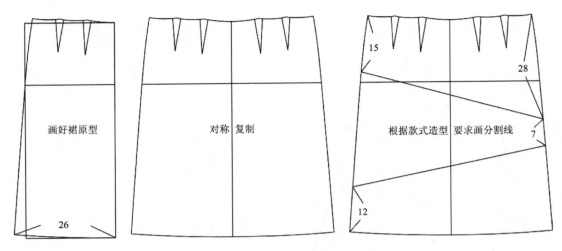

图 5-48　画分割线

③ 选择 ✐ 智能笔工具，根据款式造型要求画好分割线。

（2）里料与面料拼块线迹位置示意图（图 5-49）。

（3）绘制腰头（图 5-50）。

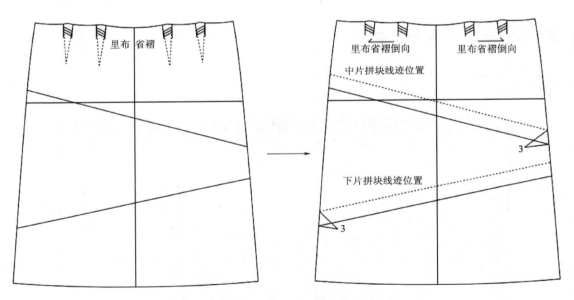

图 5-49　里料与面料拼块线迹位置示意图

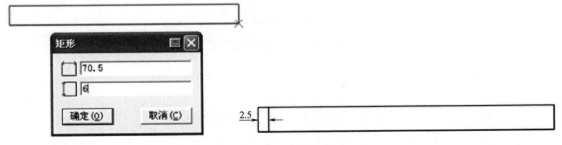

图 5-50　绘制腰头

①选择 ✐ 智能笔工具，在空白处拖定出 70.5cm（腰头长，计算公式：腰围 68cm+ 搭门宽 2.5cm）×6cm（腰头宽）的矩形。

②选择 ✐ 智能笔工具，按住 Shift 键，进入【平行线】功能，输入搭门宽 2.5cm。

（4）上片拼块样片处理（图 5-51）。

选择 ⬉ 调整工具，分别框选上片拼块的左右两端，出现【偏移】对话框，分别输入偏移量。

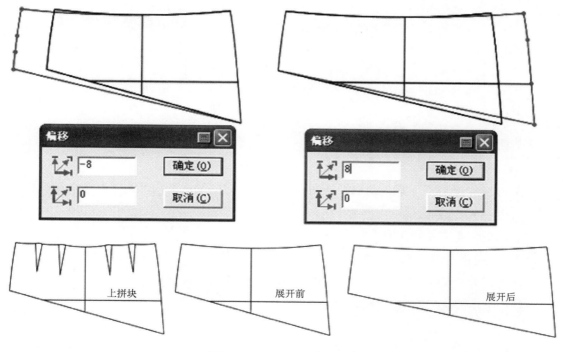

图 5-51　上片拼块样片处理

（5）中片拼块样片处理（图 5-52）。

选择 ⬉ 调整工具，分别框选中片拼块样片的左右两端，出现【偏移】对话框，分别输入偏移量。

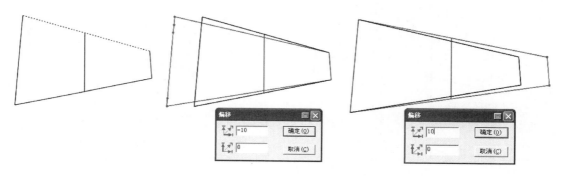

图 5-52　中片拼块样片处理

（6）下摆拼块样片处理（图5-53）。

选择 调整工具分别框选下摆拼块样片的左右二端。出现偏移量对话框分别输入偏移量。

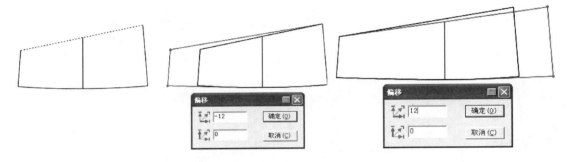

图5-53　下摆拼块样片处理

（7）里料（图5-54）。

2. 拾取纸样

（1）选择 剪刀工具，拾取纸样的外轮廓线及对应纸样的内部线；点击右键切换成拾取衣片辅助线工具，拾取内部辅助线。

（2）选择 布纹线工具，将布纹线调整好（图5-55）。

（3）加缝份（图5-56）。

①选择 加缝份工具，将工作区的所有纸样统一加1cm缝份。

②将下摆拼块的下摆缝份修改为3cm。

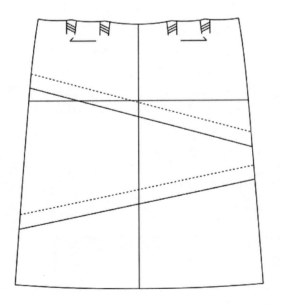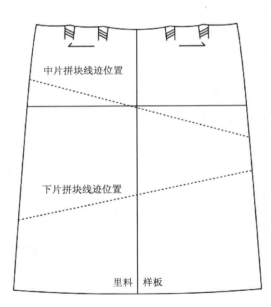

图5-54　里料

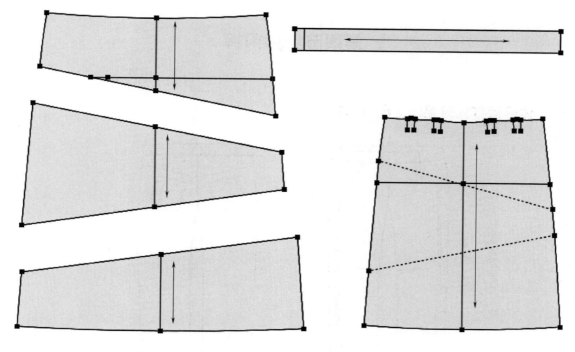

图 5-55　拾取纸样

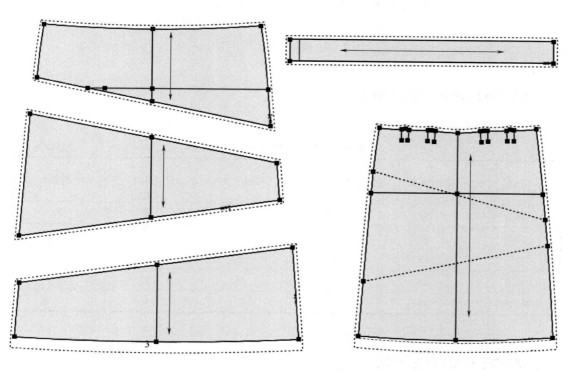

图 5-56　加缝份

第四节　休闲裤

一、休闲裤款式效果图（图5-57）

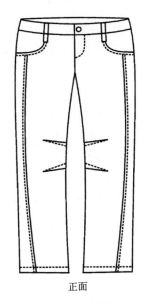
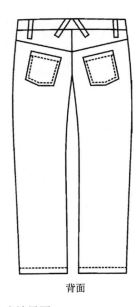

正面　　　　　　　　　　　背面

图5-57　休闲裤款式效果图

二、休闲裤规格尺寸表（表5-4）

表5-4　休闲裤规格尺寸表　　　　　　　　单位：cm

号型 部位	155/64A	160/68A	165/72A	170/76A	档差
裤长	97	100	103	106	3
腰围	66	70	74	78	4
臀围	88	92	96	100	4
膝围	44	46	48	50	2
裤口围	42	44	46	48	2

三、休闲裤CAD制板步骤

首先单击【号型】菜单→【号型编辑】,在设置号型规格表中输入尺寸(此操作可有可无)

（图 5-58）。

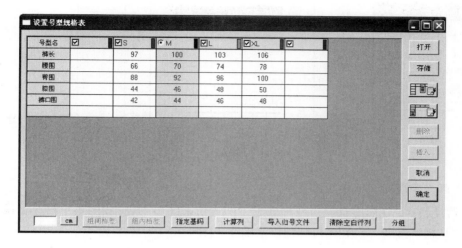

图 5-58 设置号型规格表

1. 画前片结构图

（1）画前片矩形（图 5-59）。

选择 ✍智能笔工具，在空白处拖定出 26cm × 22.5cm（计算公式：$\dfrac{臀围92cm}{4} -0.5cm$ 互借量）的矩形。

（2）画前片臀围线（图 5-60）。

选择 ✍智能笔工具，按住 Shift 键，进入【平行线】功能，输入 7.5cm。

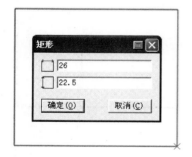

图 5-59 画前片矩形

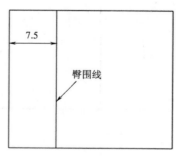

图 5-60 画前片臀围线

（3）画前片横裆线（图 5-61）。

①选择 ✍智能笔工具，按着 Shift 键，右键点击横裆基础线前中处，进入【调整曲线长度】功能，输入增长量 3cm（计算公式：$\dfrac{臀围92cm}{30}$）。

②选择 ✍智能笔工具，按着 Shift 键，右键点击横裆基础线侧缝处，进入【调整曲线长度】功能，输入增长量 -0.8cm（0.8cm 为侧缝劈势量）。

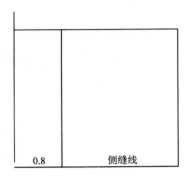

图 5-61　画前片横裆线

（4）画裤中线。

① 选择 等分规工具，将横裆线平分两等份，然后用 ✏ 智能笔工具，切换成丁字尺状态，从横裆线两等份处连接到腰口基础线（图 5-62）。

② 选择 ✏ 智能笔工具，按着 Shift 键，右键点击烫迹基础线下半部分，进入【调整曲线长度】功能，输入新长度 100cm（图 5-63）。

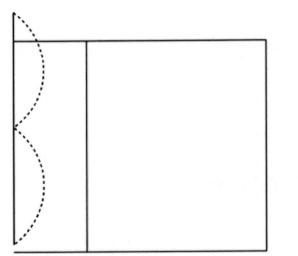
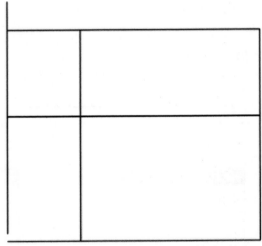

图 5-62　画裤中线步骤 1

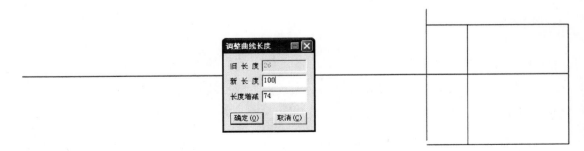

图 5-63　画裤中线步骤 2

（5）画裤口线（图5-64）。

选择 ✎ 智能笔工具，切换成丁字尺状态，画前片裤口线10cm$\left(计算公式：\dfrac{\dfrac{裤口围44cm}{2}-2cm}{2}\right)$。

（6）画膝围线。

① 选择 ✎ 智能笔工具，按住Shift键，进入【平行线】功能，从横裆线向下30cm定膝围线（图5-65）。

② 选择 ✎ 智能笔工具的【单向靠边】功能，将膝围线靠边至裤中线（图5-66）。

③ 选择 ✎ 智能笔工具，按着Shift键，右键点击膝围线外端部分，进入【调整曲线长度】功能，输入新长度10.5cm（计算公式：$\dfrac{膝围46cm-2cm}{2}$）（图5-67）。

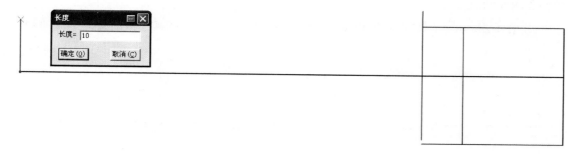

图5-64　画裤口线

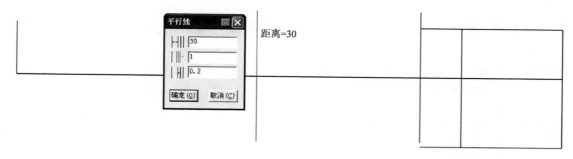

图5-65　画膝围线步骤1

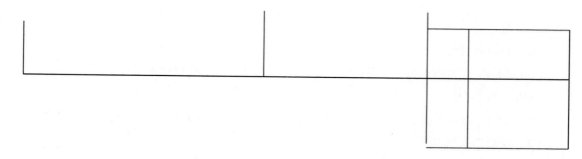

图5-66　画膝围线步骤2

图 5-67　画膝围线步骤 3

（7）画侧缝线。

① 选择 ⬭ 智能笔工具，将裤口端点与横裆端点相连，并用 ⬭ 调整工具将侧缝线调顺畅（图 5-68）。

② 选择 ⬭ 对称工具，按着Shift键，进入【对称复制】功能，将侧缝线对称复制（图 5-69）。

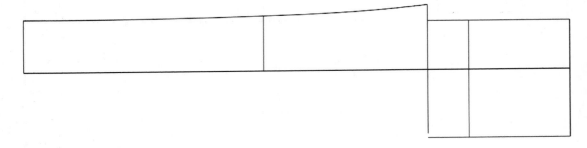

图 5-68　画侧缝线步骤 1

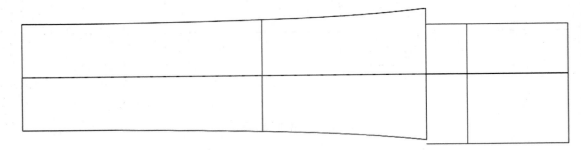

图 5-69　画侧缝线步骤 2

（8）画前裆弧线。

① 选择 ⬭ 智能笔工具，从横裆线端点经臀围线端点，在腰口线距前中线 1cm 处相连，画一条线（图 5-70）。

② 选择 ⬭ 调整工具，调顺前裆弧线，选择 ⬭ 橡皮擦工具删除不要的线段（图 5-71）。

（9）画腰口弧线和侧缝线。

① 选择 ⬭ 智能笔工具，在腰口线前中端点按 Enter 键，输入纵向起翘量 0.5cm，横向

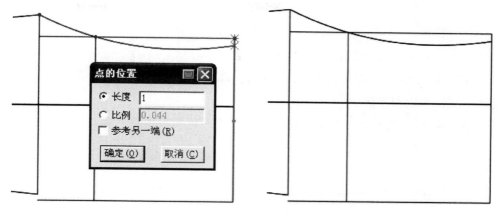

图 5-70　画前裆弧线步骤 1

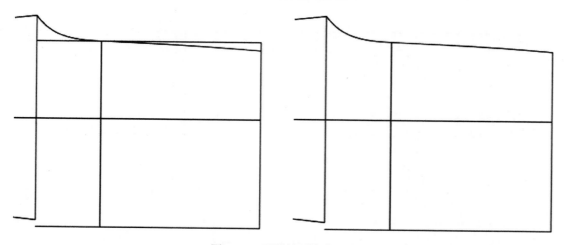

图 5-71　画前裆弧线步骤 2

偏移量 −20cm（计算公式：$\dfrac{腰围\ 70cm}{4}$ +0.5cm 互借量 + 省量 2cm），然后与前裆弧线距腰口线 1.5cm 处相连作为腰口弧线，再用 <kbd>↖</kbd> 调整工具调顺腰口弧线（图 5-72）。

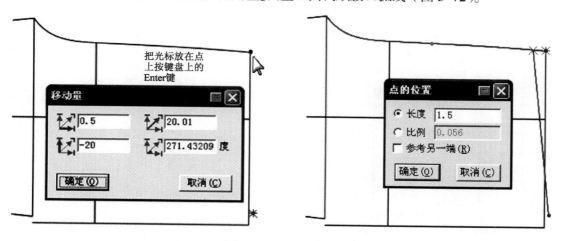

图 5-72　画腰口弧线

② 选择 ✐ 智能笔工具，将腰口弧线和侧缝线上段连接好，再用 ▨ 调整工具将侧缝线上段部分调顺畅（图 5-73）。

③ 选择 ✂ 剪断线工具，依次点击侧缝线上段部分和下段部分的两段线；然后按右键结束，将两条线连接成一条线，这样侧缝线会更加顺畅（图 5-74）。

（10）画腰头线和袋布。

① 选择 ✐ 智能笔工具，按住 Shift 键，进入【平行线】功能，输入腰头宽 4cm，画好腰头线（图 5-75）。

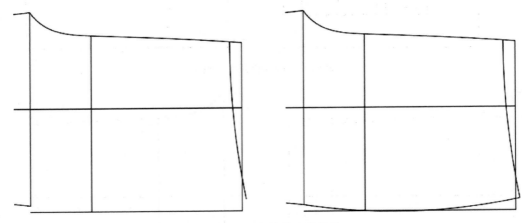

图 5-73　画侧缝线上段部分

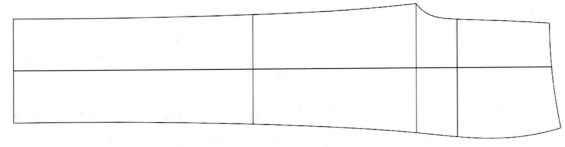

图 5-74　前片结构图

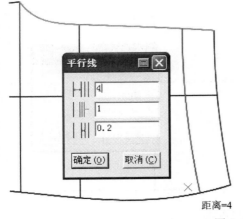
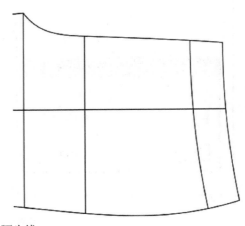

图 5-75　画腰头线

② 选择 ✐ 智能笔工具，在腰口线上取袋宽 11cm，在侧缝线上取 10cm，连接这两点，作为袋口线，用 ↖ 调整工具调顺袋口线（图 5-76）。

③ 选择 ✐ 智能笔工具，在腰口线上取袋宽 12cm，在侧缝线上取 10cm，连接袋口线后，用 ↖ 调整工具调顺袋口线（图 5-77）。

④ 选择 ✐ 智能笔工具画好腰省（图 5-78、图 5-79）。

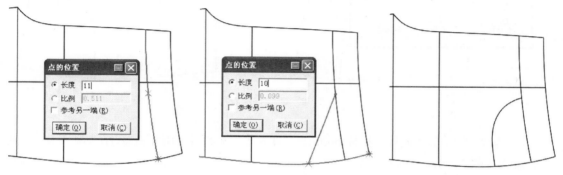

图 5-76 画袋口线步骤 1

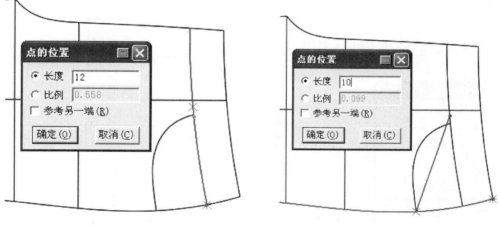

图 5-77 画袋口线步骤 2

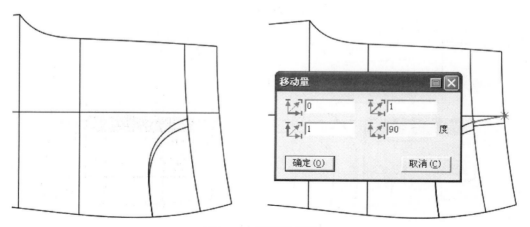

图 5-78 画腰省步骤 1

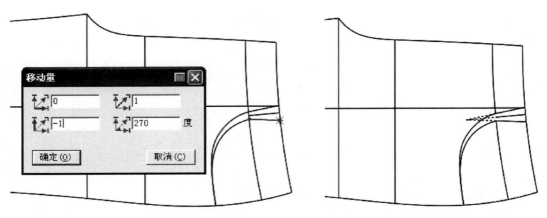

图 5-79　画腰省步骤 2

⑤选择 ✐ 智能笔工具，按住 Shift 键，进入【平行线】功能，输入腰头宽 3.5cm，画好袋贴线（图 5-80）。

⑥选择 ✐ 智能笔工具绘制袋布，并用 ↖ 调整工具将袋布下口弧线调顺畅（图 5-81、图 5-82）。

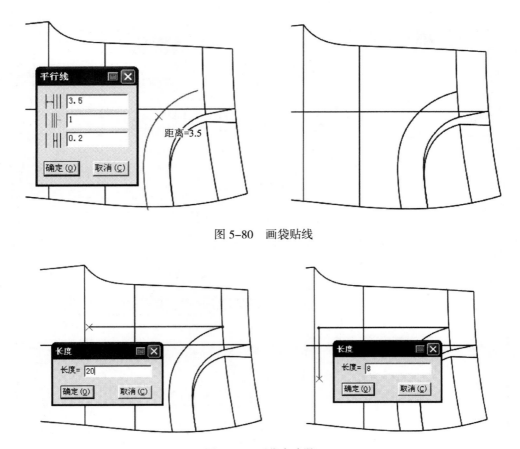

图 5-80　画袋贴线

图 5-81　画袋布步骤 1

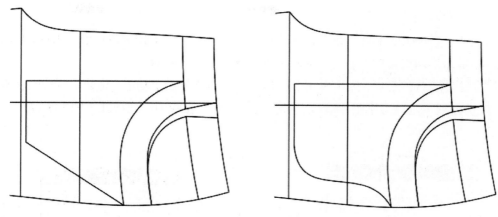

图 5-82　画袋布步骤 2

（11）画分割线。

选择 ✐ 智能笔工具，在袋口线距侧缝线 2.5cm 处与裤口线距侧缝线 5cm 处用直线连接，用 ➴ 调整工具调顺分割线（图 5-83）。

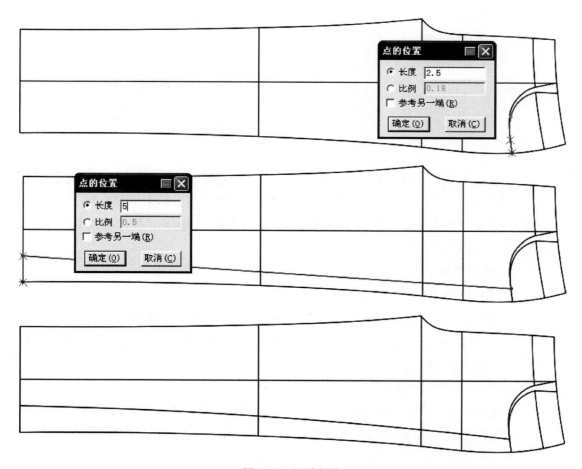

图 5-83　画分割线

（12）画装饰省。

①选择 ✐ 智能笔工具，在下裆缝线和膝围线的交叉点上按 Enter 键，出现【移动量】对话框，输出横向偏移量 6cm，并依此画省长 8.5cm（图 5-84）。

②选择 ⋀⋀ 对称工具，按住 Shift 键，切换为【对称复制】功能，将装饰省线对称复制，选择 ✂ 剪断线工具，分别把侧缝线、烫迹线、分割线在膝围线处剪断（图 5-85）。

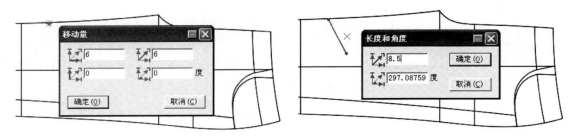

图 5-84　画装饰省步骤 1

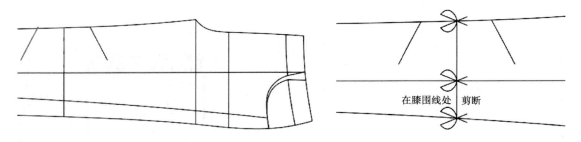

图 5-85　画装饰省步骤 2

③选择 ✐ 智能笔工具，按着 Shift 键，右键框选侧缝线，点击装饰省线，出现【省宽】对话框，输入 1cm 省量，确认后击右键，调顺侧缝线，单击右键结束（图 5-86）。

④选择 ⟳ 旋转工具，按着 Shift 键进入【旋转】功能，将前裤片膝围线以下部分拉开 2cm，然后把两省之间的线连接（图 5-87）。

2. 画后片结构图

（1）复制前片结构图（图 5-88）。

选择 ▦ 移动工具，按着 Shift 键进入【复制】功能，将前片结构图复制作为后片基础。然后把线型改变为虚线 ┊-----┊，选择 ▦ 设置线的颜色类型工具，点击侧缝线、下裆缝线、上裆弧线、烫迹线、腰口线改变为虚线。

（2）画后片臀围线（图 5-89）。

选择 ✐ 智能笔工具，在臀围线前中 2cm 取后片臀围量。继续用 ✐ 智能笔工具，按着 Shift 键，右键点击臀围线，进入【调整曲线长度】功能，输入增长量 3cm（计算公式：$\dfrac{臀围 92cm}{4}$ + 互借量 0.5cm，然后用 23.5cm-20.5cm=3cm）。

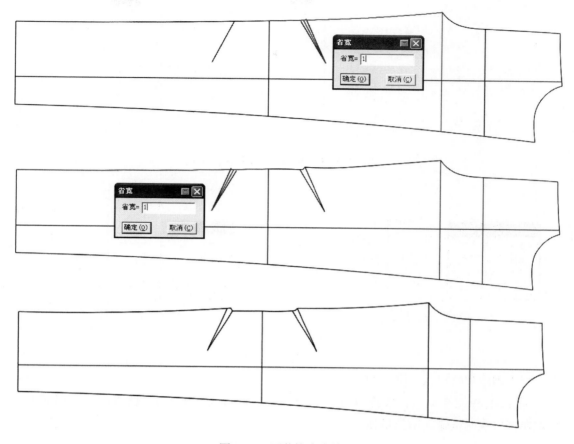

图 5-86　画装饰省步骤 3

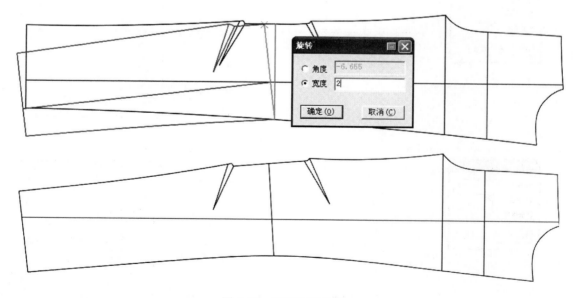

图 5-87　画装饰省步骤 4

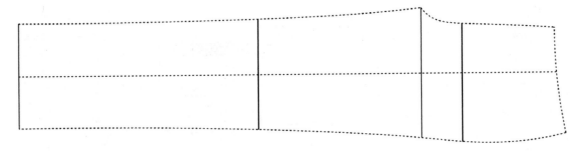

图 5-88　复制前片结构图

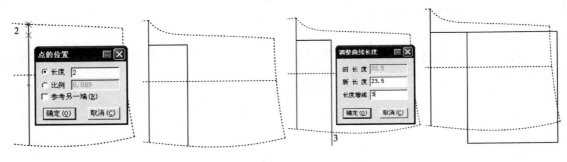

图 5-89　画后片臀围线

（3）画后片裤口线（图 5-90）。

选择 🖊 智能笔工具，按着 Shift 键，右键点击裤口线，进入【调整曲线长度】功能，分别在裤口线两端输入增长量 2cm。

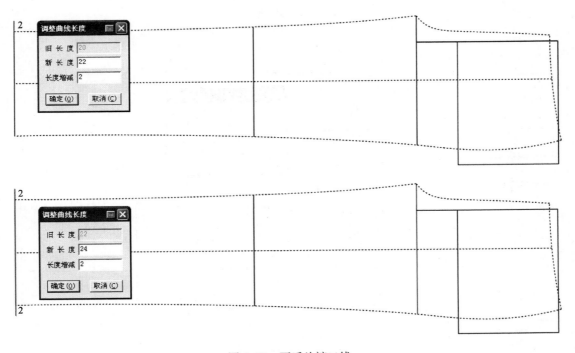

图 5-90　画后片裤口线

（4）画后片膝围线（图5-91）。

选择 ✐ 智能笔工具，按着Shift键，右键点击膝围线，进入【调整曲线长度】功能，分别在膝围线两端输入增长量2cm。

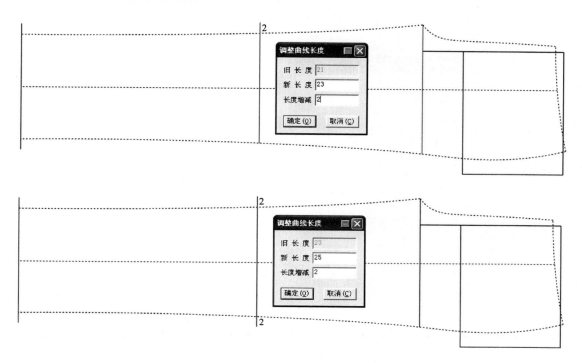

图5-91 画后片膝围线

（5）画后片下裆缝线（图5-92）。

① 选择 ✐ 智能笔工具，在横裆线前中交点按Enter键，输入横向移动量 –1.2cm（1.2cm是落裆量），纵向移动量9.2cm（计算公式：$\dfrac{臀围92cm}{10}$）。

② 选择 ✐ 智能笔工具，将横裆线端点经膝围线端点与裤口端点连接，并用 ➘ 调整工具调顺后片下裆缝线。

（6）画后上裆弧线。

① 选择 ✐ 智能笔工具，从横裆线端点经臀围线端点，与距后腰口线后中2.5cm处相连，并用 ➘ 调整工具调顺后上裆弧线（图5-93）。

② 选择 ✐ 智能笔工具，按着Shift键，右键点击后上裆弧线，进入【调整曲线长度】功能，输入增长量3cm（3cm是后中翘势量）（图5-94）。

（7）画后腰口线（图5-95）。

选择 ✐ 智能笔工具在后上裆弧线腰口端点按Enter键，输入纵向移动量 –2.5cm，横向移动量19cm（计算公式：$\dfrac{腰围70cm}{4}$ – 互借量0.5cm+ 省量2cm）；然后用 ✐ 智能笔工具连接后腰口线。

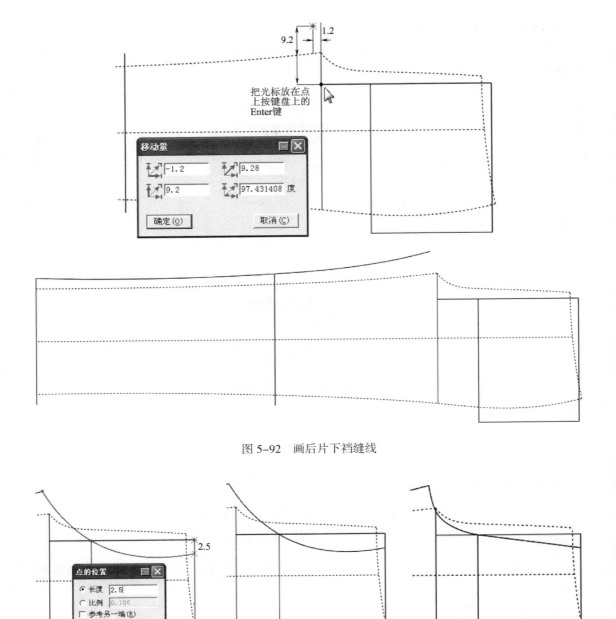

图 5-92 画后片下裆缝线

图 5-93 画后上裆弧线步骤 1

（8）画侧缝线。

①选择 ✐ 智能笔工具，从腰口线侧缝端点画一条线，与臀围线侧缝端点相连（图 5-96）。

②选择 ✂ 剪断线工具，依次点击侧缝线上段部分和下段部分的两段线；然后按右键

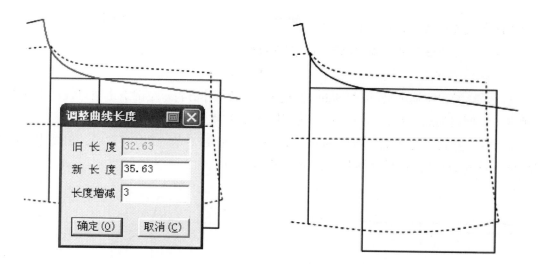

图 5-94　画后上裆弧线步骤 2

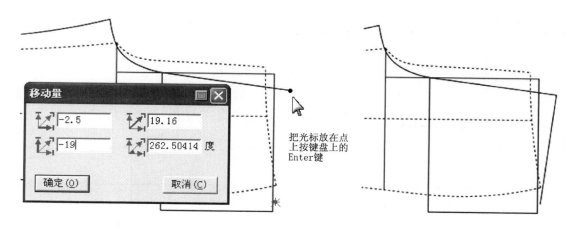

把光标放在点
上按键盘上的
Enter键

图 5-95　画后腰口线

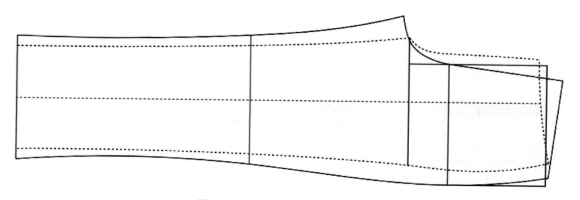

图 5-96　画侧缝线横裆线以上部分

结束将两条线连接成一条线（图 5-97）。

③选择 ▶调整工具，调顺侧缝线（图 5-98）。

（9）画后腰省。

①选择 ✎智能笔工具,按着 Shift 键,进入【三角板】功能。左键点击腰口线后中端点，拖到腰口线侧缝端点，在腰口线中点处确定第一个省长 10cm（图 5-99）。

②选择 ✎智能笔工具，按着 Shift 键，右键框选腰口线，点击开省线，出现【省宽】对话框，输入 2cm 省量，然后调顺腰口线（图 5-100）。

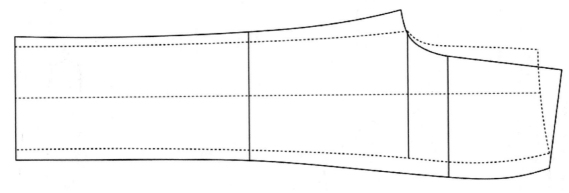

图 5-97　连接侧缝线的两段线

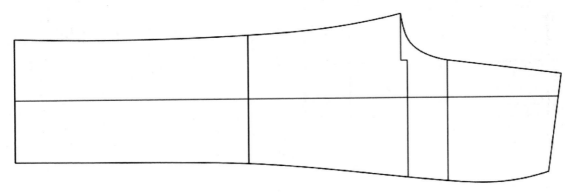

图 5-98　调顺侧缝线

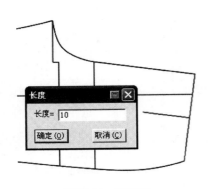

图 5-99　画省线

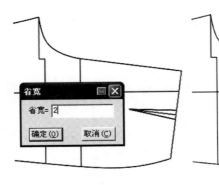

图 5-100　画后腰省

（10）画后腰头线（图5-101）。

选择　智能笔工具，按住Shift键，进入【平行线】功能，输入腰头宽4cm，画好腰头线。

（11）画后育克线（图5-102）。

选择　智能笔工具，从后上裆弧线10.5cm处画一条线，与侧缝线7.5cm处相连，作为后育克线。

（12）画后贴袋（图5-103）。

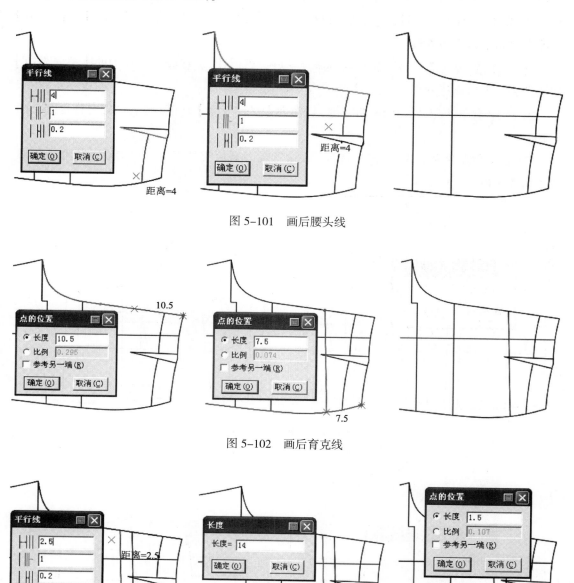

图5-101　画后腰头线

图5-102　画后育克线

图5-103　画后贴袋步骤1

① 选择 ✐ 智能笔工具，按住 Shift 键，进入【平行线】功能，依后育克线输入平行距离 2.5cm。

② 选择 ✐ 智能笔工具，按住 Shift 键，进入【三角板】功能，左键点击平行线后中端点，拖到平行线侧缝端点，在平行线中点处画袋中线 14cm。

③ 选择 ✐ 智能笔工具，按住 Shift 键，进入【三角板】功能，左键点击袋中线下部端点拖到袋中线上部端点，在袋中线 1.5cm 处画袋布下口基础线 6.5cm（图 5–104）。

④ 选择 ✐ 智能笔工具，把袋布下口线连接好，然后用 ✐ 智能笔工具中的【单向靠边】功能把袋布上口靠边处理。

⑤ 选择 ✐ 智能笔工具把袋布外侧线连接好，然后用 ✐ 智能笔工具中的【单向靠边】功能把袋布上口靠边处理。

⑥ 选择 ⋀ 对称工具，按住 Shift 键，切换为【对称复制】功能，将后贴袋对称复制（图 5–105）。

⑦ 把线型改变为虚线 ┅┅ ，选择 ▨ 设置线的颜色类型工具，点击后贴袋线变为虚线（图 5–106）。

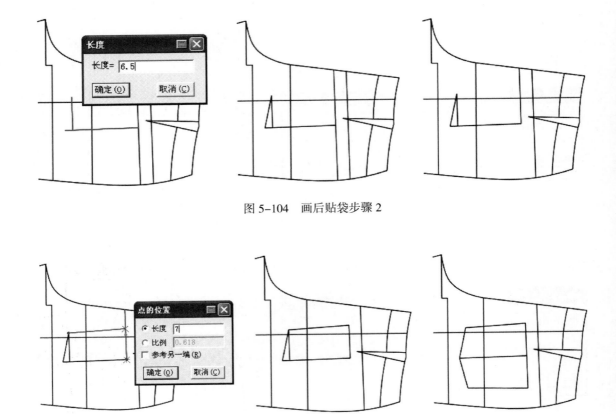

图 5–104　画后贴袋步骤 2

图 5–105　画后贴袋步骤 3

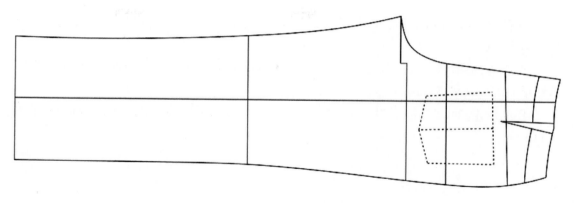

图 5-106　画后贴袋步骤 4

3.画零部件结构图

（1）画前片门襟。

如图 5-107 所示，选择 ✐ 智能笔工具画前片门襟线；如图 5-108 所示，选择 ▨ 调整工具，将前门襟线调顺畅。

（2）画前片里襟。

① 选择 ✐ 比较长度工具，按住 Shift 键，进入【两点间的距离没测量】功能，测量出门襟的长度为 13.44cm。

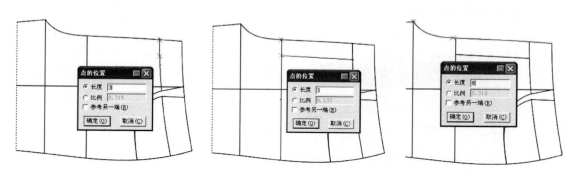

图 5-107　画前片门襟线步骤 1

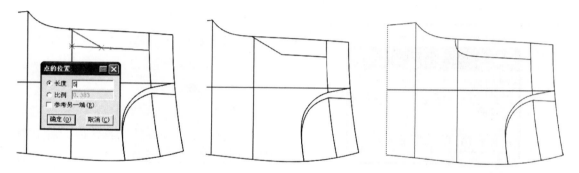

图 5-108　画前片门襟线步骤 2

②选择 ∥ 智能笔工具，在空白处拖定出 13.44cm（里襟长）×3.5cm（里襟宽）的矩形（图 5-109）。

③选择 ↖ 调整工具，框选外框线端点，按 Enter 键，输入纵向偏移量 −0.5cm、横向偏移量 −0.5cm（图 5-110）。

④选择 ⋀ 对称工具，按住 Shift 键，切换为【对称复制】功能，将前里襟对称复制（图 5-110）。

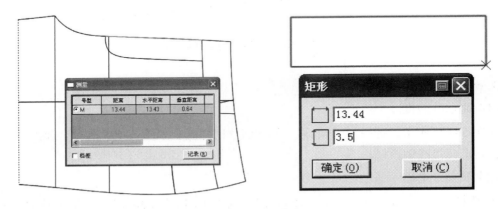

图 5-109　画前片里襟线步骤 1

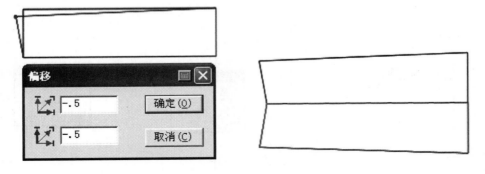

图 5-110　画前片里襟线步骤 2

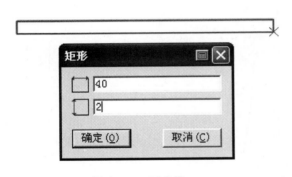

图 5-111　画串带

（3）画串带（图 5-111）。

选择 ∥ 智能笔工具在空白处拖定出长 40cm、宽 2cm 的串带。

4. 样片处理

（1）前、后上裆弧线调整。

①选择 ♉ 合并调整工具，前、后上裆为同边时，则勾选此选项再选线，线会自动翻转（图 5-112）。

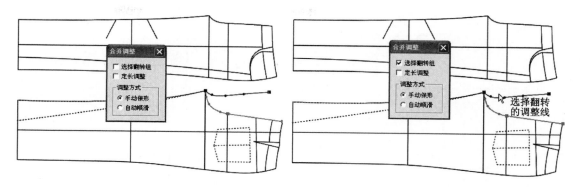

图5-112 前、后上裆弧线调整步骤1

② 选中【自动顺滑】调顺前、后上裆弧线（图5-113）。

（2）袋布、袋贴样片处理（图5-114）。

（3）前片腰头、门襟、里襟样片处理（图5-115）。

（4）后育克和后腰头样片处理。

① 选择 移动工具，按住Shift键，进入【复制】功能，把后育克和后腰头复制到空白处。

② 选择 旋转工具，按着Shift键，进入【旋转】功能，将腰头部位的省量合并（图5-116）。

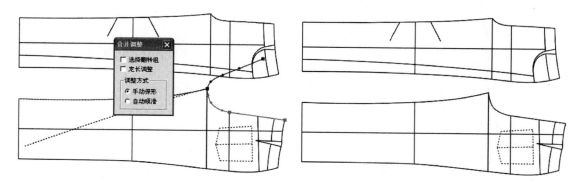

图5-113 前、后上裆弧线调整步骤2

图5-114 袋布、袋贴样片处理

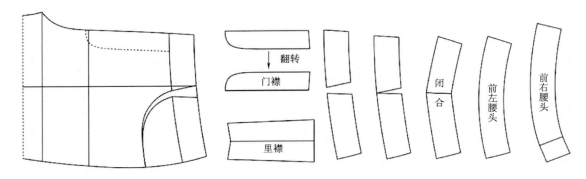

图 5-115 前片腰头、门襟、里襟样片处理

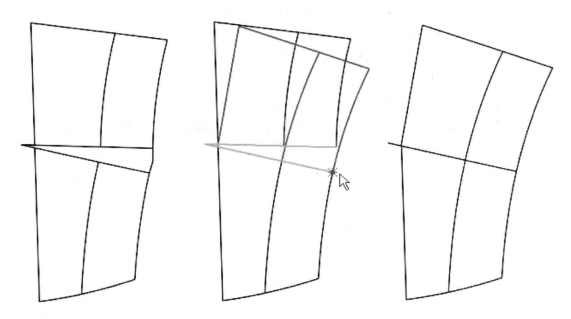

图 5-116 后育克和后腰头样片处理步骤 1

③ 后育克和后腰头样片处理（图 5-117）。

5. 拾取纸样

（1）选择 ✂ 剪刀工具，拾取纸样的外轮廓线及对应纸样的内部线；点击右键切换成拾取衣片辅助线工具，拾取内部辅助线。

（2）选择 🖼 布纹线工具，将布纹线调整好（图 5-118）。

（3）加缝份（图 5-119）。

① 选择 📋 加缝份工具，将工作区的所有纸样统一加 1cm 缝份。

② 将前片、前片拼块、后片的裤口线和后贴袋外口缝份修改为 3cm。

③ 将串带缝份量改为 0。

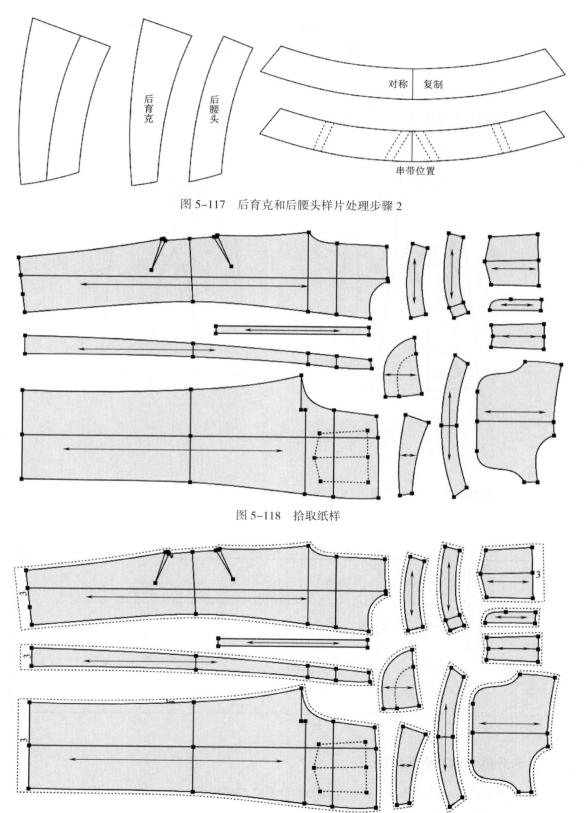

图 5-117　后育克和后腰头样片处理步骤 2

对称　复制

后育克

后腰头

串带位置

图 5-118　拾取纸样

图 5-119　加缝份

<h1 style="text-align:center">第五节　七分裤</h1>

一、七分裤款式效果图（图5-120）

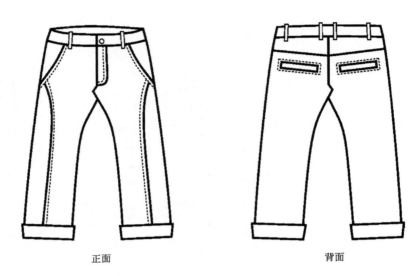

正面　　　　　　　　　　　　背面

图 5-120　七分裤款式效果图

二、七分裤规格尺寸表（表5-5）

表 5-5　七分裤规格尺寸表　　　　　　　单位：cm

号型 部位	155/64A	160/68A	165/72A	170/76A	档差
裤长	70	72	74	76	2
腰围	68	72	76	80	4
臀围	88	92	96	100	4
膝围	44	46	48	50	2
裤口围	43	45	47	49	2

三、七分裤 CAD 制板步骤

　　首先单击【号型】菜单→【号型编辑】,在设置号型规格表中输入尺寸（此操作可有可无）（图5-121）。

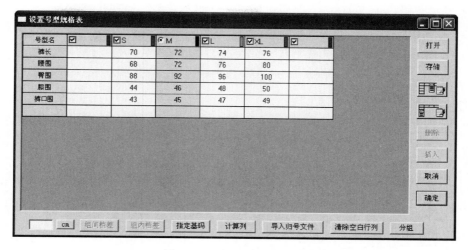

图 5-121　设置号型规格表

1. 画分割线

（1）画前片袋口线（图 5-122）。

① 运用第四节所学的休闲裤 CAD 制板知识，画好七分裤基本型。

② 选择 ✏ 智能笔工具，根据款式造型要求画好前片袋口线，选择 ▶ 调整工具调顺前片袋口线。

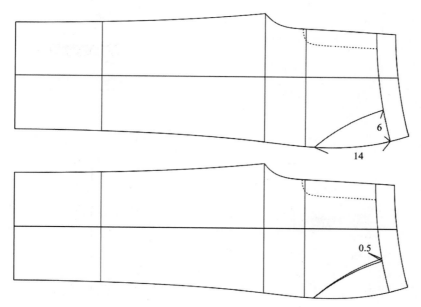

图 5-122　画前片袋口线

（2）画腰省和分割线（图 5-123）。

① 选择 ✏ 智能笔工具画好前腰省 1cm。

② 选择 ✏ 智能笔工具，根据款式造型要求画好分割线，选择 ▶ 调整工具调顺分割线。

（3）画前袋贴布和袋布（图 5-124）。

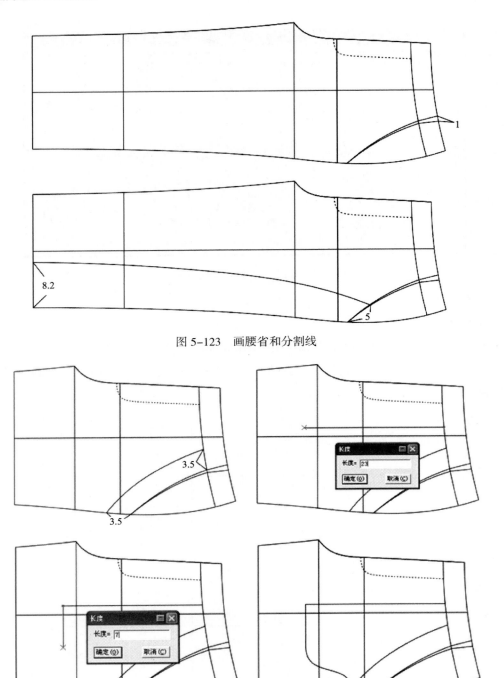

图 5-123　画腰省和分割线

图 5-124　画前袋贴布和袋布

　　选择 ✐ 智能笔工具，根据款式造型要求画好前袋贴和袋布。选择 ▨ 调整工具调顺前袋贴和袋布弧线。

　　（4）画后腰头线、后育克线、后片分割线（图 5-125）。

　　选择 ✐ 智能笔工具，根据款式造型要求画好后腰头线、后育克线、后片分割线。选择 ▨ 调整工具调顺后片分割线。

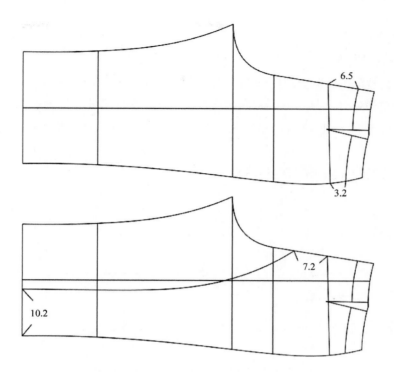

图 5-125　画后腰头线、后育克线、后片分割线

（5）画后袋（图 5-126）。

选择 ✐ 智能笔工具，根据款式造型要求画好袋布。

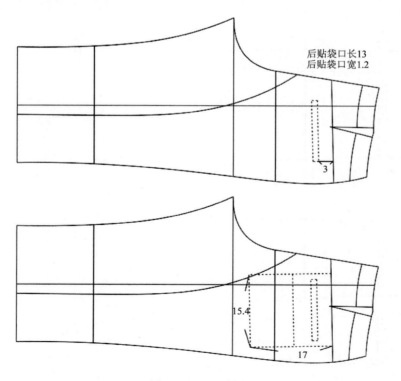

图 5-126　画后袋

2. 样片处理

（1）裤口折边处理。

① 选择 ✐ 智能笔工具，按住Shift键，进入【平行线】功能，输入4cm折边量（图5-127）。

② 选择 ▨ 褶展开工具，分别将四块样片做1.2cm平行褶处理（图5-128）。

③ 选择 ⋀ 对称工具，按着Shift键，进入【对称复制】功能，将折边线对称复制（图5-129）。

（2）前片袋布、袋贴布（图5-130）。

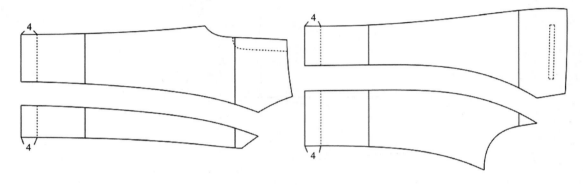

图5-127　画折边线

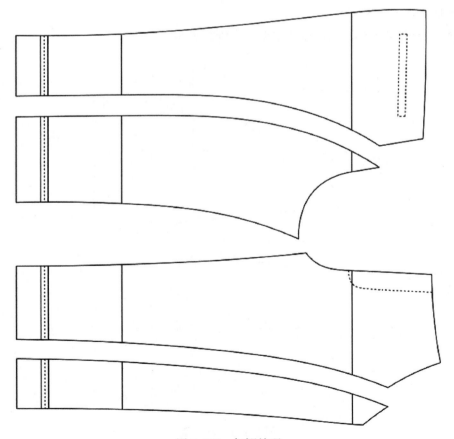

图5-128　加褶处理

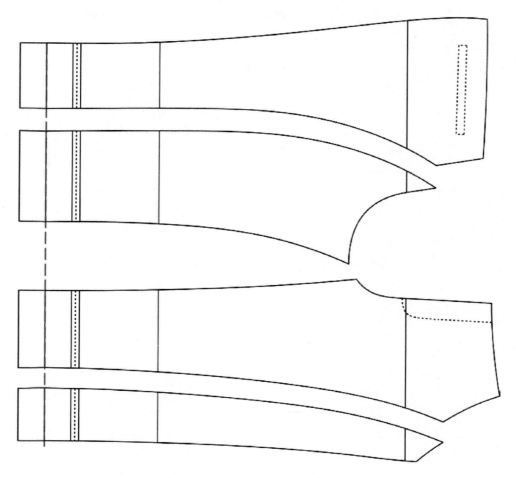

图 5-129　折边线对称复制

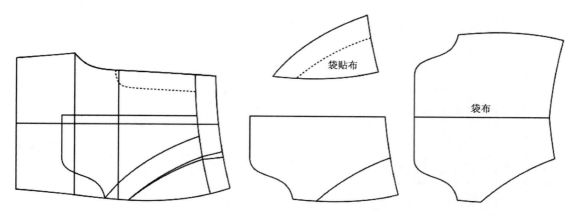

图 5-130　前片袋布、袋贴布

（3）前片门襟、里襟、前左腰头、前右腰头（图 5-131）。

（4）后片袋布、袋嵌条、袋垫布（图 5-132）。

（5）后片腰头、后育克（图 5-133）。

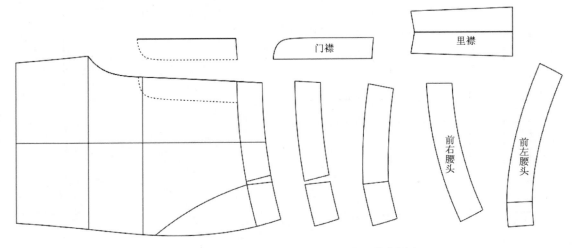

图 5-131　前片门襟、里襟、前左腰头、前右腰头

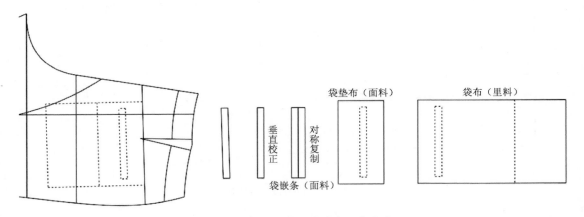

图 5-132　后片袋布、袋嵌条、袋垫布

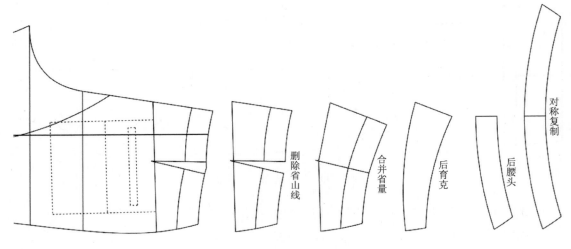

图 5-133　后片腰头、后育克

3. 拾取纸样

（1）选择 ✂ 剪刀工具，拾取纸样的外轮廓线及对应纸样的内部线；点击右键切换成拾取衣片辅助线工具，拾取内部辅助线。

（2）选择 🗂 布纹线工具，将布纹线调整好（图 5-134）。

（3）加缝份（图 5-135）。

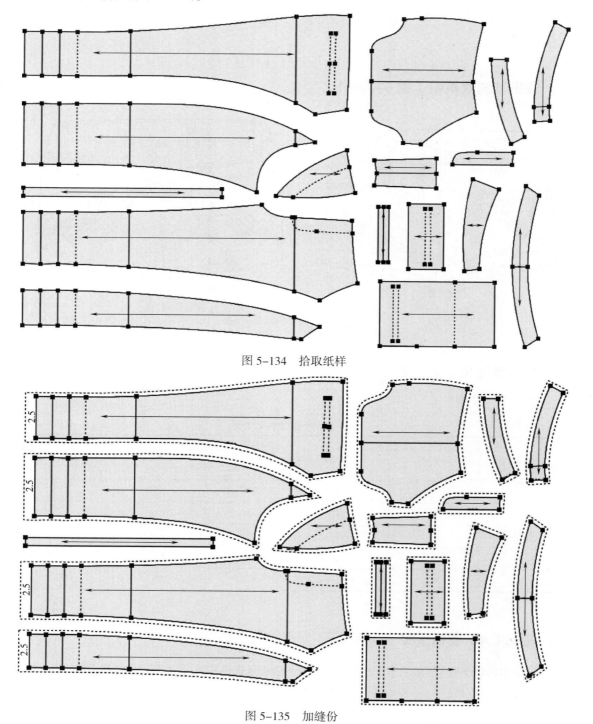

图 5-134　拾取纸样

图 5-135　加缝份

① 选择 ▭ 加缝份工具，将工作区的所有纸样统一加 1cm 缝份。

② 将前片、前侧片、后片、后侧片的裤口线缝份修改为 2.5cm。

③ 将串带缝份量改为 0。

第六节　短裤

一、短裤款式效果图（图 5-136）

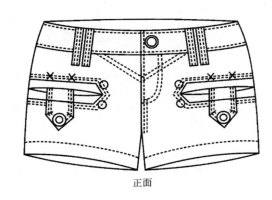 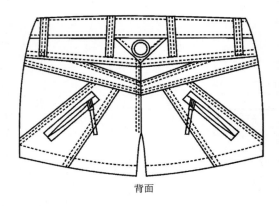

正面　　　　　　　　　　　　　　背面

图 5-136　短裤款式效果图

二、短裤规格尺寸表（表 5-6）

表 5-6　短裤规格尺寸表　　　　　　　　　　　单位：cm

号型 部位	155/64A	160/68A	165/72A	170/76A	档差
裤长	33	34	35	36	1
腰围	72	76	80	84	4
臀围	88	92	96	100	4
横裆	56	58	60	62	2
裤口围	49	51	53	55	2

三、短裤 CAD 制板步骤

首先单击【号型】菜单→【号型编辑】，在设置号型规格表中输入尺寸（此操作可有可无）（图 5-137）。

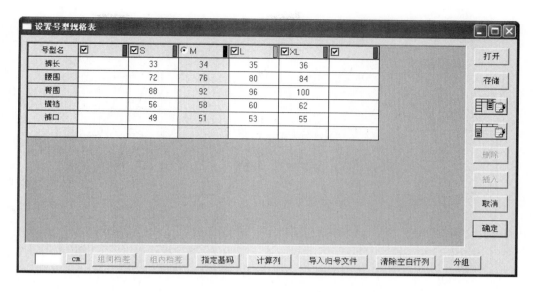

图 5-137　设置号型规格表

1. 样片处理

（1）前片样片处理（图 5-138）。

（2）后片样片处理。

① 选择 ✎ 智能笔工具，根据款式造型要求画好相关分割线（图 5-139）。

② 后片样片处理（图 5-140）。

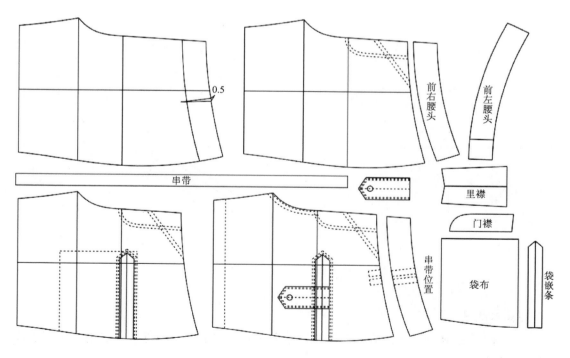

图 5-138　前片样片处理

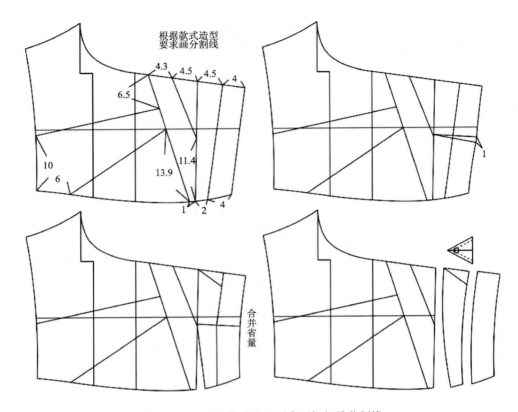

图 5-139　根据款式造型要求画好相关分割线

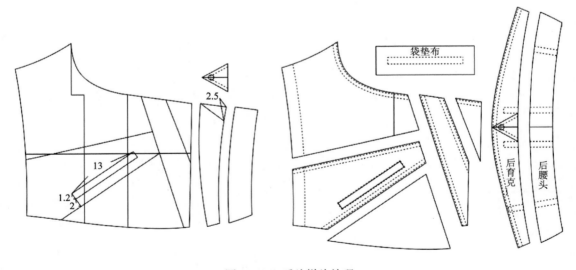

图 5-140　后片样片处理

2. 拾取纸样

（1）选择 ✂ 剪刀工具，拾取纸样的外轮廓线及对应纸样的内部线；点击右键切换成拾取衣片辅助线工具，拾取内部辅助线。

（2）选择 布纹线工具，将布纹线调整好（图5-141）。

（3）加缝份（图5-142）。

① 选择 加缝份工具，将工作区的所有纸样统一加1cm缝份。

② 将前片、后片、后侧片的裤口线缝份修改为2.5cm。

③ 将串带缝份量改为0。

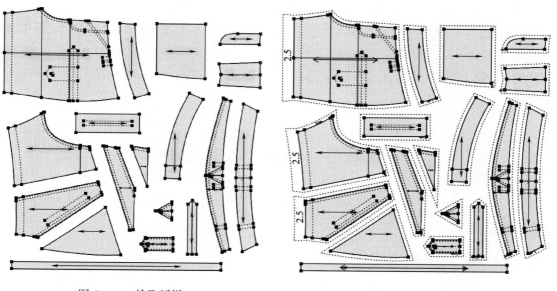

图5-141　拾取纸样　　　　　　　　　图5-142　加缝份

第六章　放码与排料

服装 CAD 放码不仅准确、高效、快速，而且可以随时进行修改，还可以通过工具方便地检查功能检查放码结果的准确性。服装 CAD 排料可以通过计算机自动排料与人机交换排料两种方式，能够同步看到面料的利用率，是降低生产成本、给铺料、裁剪等工艺提供可行技术的依据。本节通过三款服装 CAD 放码与排料，使读者掌握服装 CAD 放码与排料的规律与技巧。

第一节　褶裙放码与排料

一、褶裙放码

（1）设置号型规格表（图 6-1）。

单击【号型】菜单→【号型编辑】，增加需要的号型并设置好各号型的颜色（注：为了让读者更直观看清放码的步骤，按键盘上方的 F7 隐藏缝份量）。

号型名	☑	☑S	⊙M	☑L	☑XL	☑
裙长		58.5	60	61.5	63	
腰围		64	68	72	76	
臀围		88	92	96	100	
摆围		156	160	164	168	

图 6-1　设置号型规格表

（2）用选择 工具，框选腰头的一端，在横向放缩栏输入放缩量 4cm，然后点击 "X 相等"（图 6-2）。

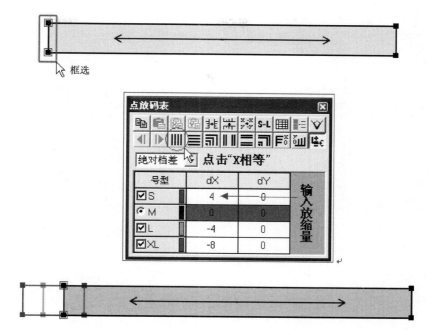

图 6-2 腰头横向放缩效果图

（3）选择 工具，同时框选前片和后片的侧边，在横向放缩栏输入放缩量 -1cm，然后点击"X 相等"（图 6-3）。

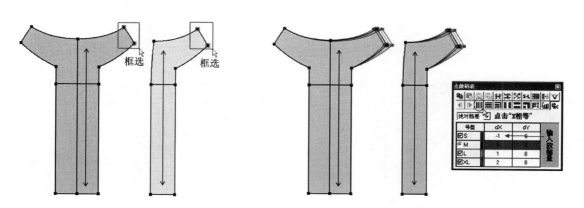

图 6-3 前片和后片的侧边横向放缩效果图 1

（4）选择 工具，同时框选前片和后片的侧边，在横向放缩栏输入放缩量 -0.4cm，然后点击"X 相等"（图 6-4）。

（5）选择 工具，同时框选前片和后片的臀围线，在纵向放缩栏输入放缩量 0.5cm，然后点击"Y 相等"（图 6-5）。

（6）选择 工具，同时框选前片和后片的摆围线，在纵向放缩栏输入放缩量 1.5cm，然后点击"Y 相等"（图 6-6）。

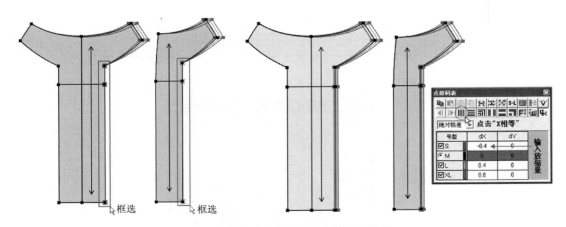

图 6-4　前片和后片的侧边横向放缩效果图 2

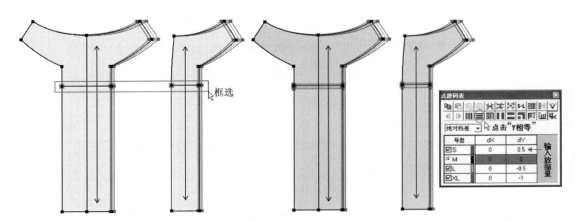

图 6-5　前片和后片的臀围线纵向放缩效果图

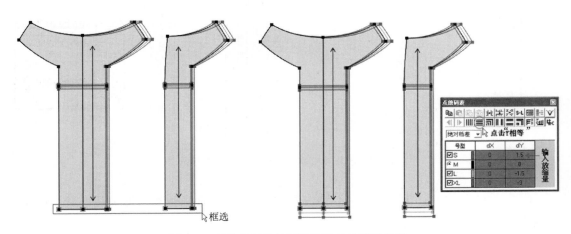

图 6-6　前片和后片的摆围线纵向放缩效果图

（7）复制粘贴放码量。

①选择 [图] 工具，先框选被复制放码的部位，点击复制放码量；再用 [图] 工具先框选要复制放码的部位，点击"粘贴 X"（图 6-7）。

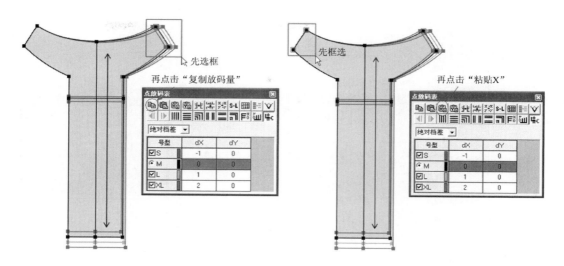

图 6-7 复制粘贴放码量步骤 1

② 选择 █ 工具，框选已复制好放码量的部位，点击 "X 取反"（图 6-8）。

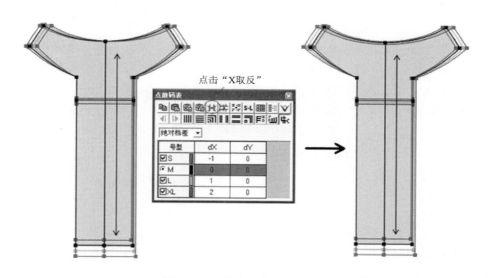

图 6-8 复制粘贴放码量步骤 2

（8）复制粘贴放码量。

① 选择 █ 工具，先框选被复制放码的部位，点击复制放码量；再用 █ 工具先框选要复制放码的部位，点击 "粘贴 X"（图 6-9）。

② 选择 █ 工具，框选已复制好放码量的部位，点击 "X 取反"（图 6-10）。

（9）修改点的属性。

① 选择 █ 工具，双击前片前中腰点，出现【点属性】对话框，将点的属性改为 "边线段端点"。

② 选择 █ 工具，框选前片前中腰点，将 Y 轴放码量归零（图 6-11）。

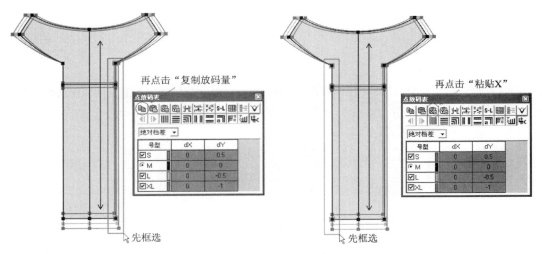

图 6-9　复制粘贴放码量步骤 1

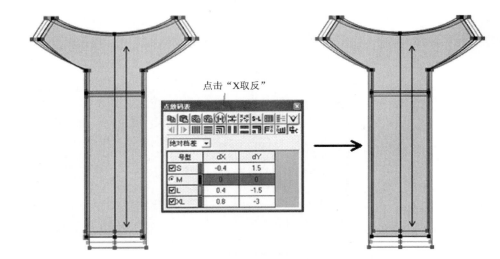

图 6-10　复制粘贴放码量步骤 2

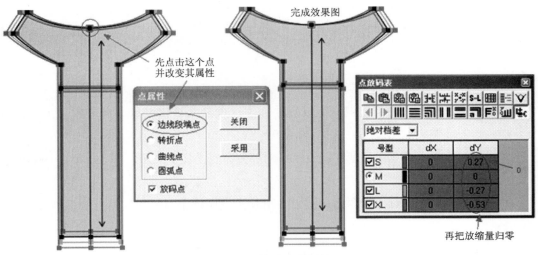

图 6-11　修改点的属性

（10）选择 ▦ 工具，同时框选侧片的右端，在横向放缩栏输入放缩量 –0.6cm，然后点击"X 相等"（图 6-12）。

（11）选择 ▦ 工具，同时框选侧片的臀围线，在纵向放缩栏输入放缩量 0.5cm，然后点击"Y 相等"（图 6-13）。

（12）选择 ▦ 工具，同时框选侧片的摆围线，在纵向放缩栏输入放缩量 1.5cm，然后点击"Y 相等"（图 6-14）。

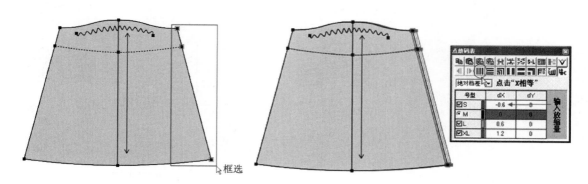

图 6-12 侧片的右端横向放缩效果图

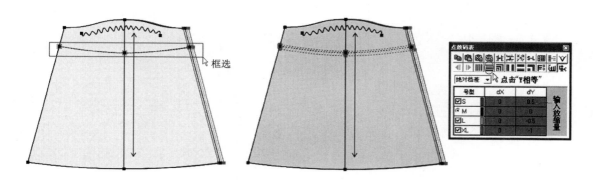

图 6-13 框选侧片的臀围线纵向放缩效果图

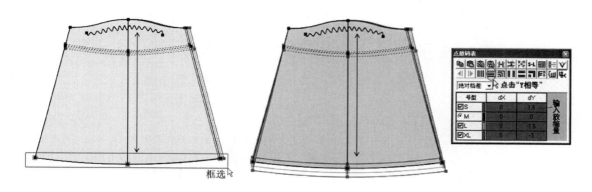

图 6-14 框选侧片的摆围线纵向放缩效果图

（13）复制粘贴放码量。

①选择 ![]工具，先框选被复制放码的部位，点击复制放码量；再用 ![]工具，先框选要复制放码的部位，点击"粘贴X"（图6–15）。

②选择 ![]工具，框选已复制好放码量的部位，点击"X取反"（图6–16）。

（14）放码完整图（图6–17）。

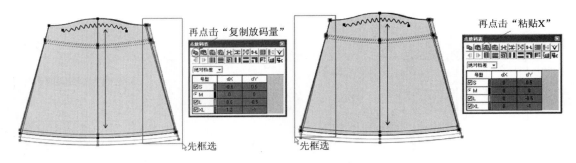

图6–15　复制粘贴放码量步骤1

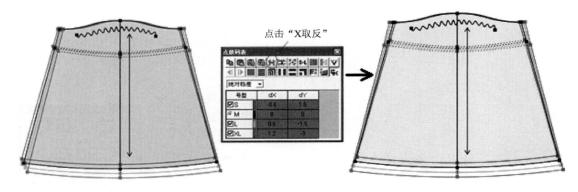

图6–16　复制粘贴放码量步骤2

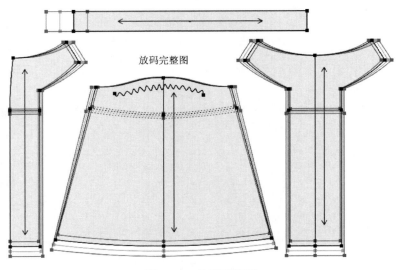

图6–17　放码完整图

二、褶裙排料

（1）单击 新建工具或者单击文档菜单中的【新建】（图 6-18），弹出【唛架设定】对话框，设定布封宽（唛架宽度根据实际情况来定）及估计的大约唛架长，最好略多一些，唛架边界可以根据实际自行设定（图 6-19）。

（2）单击"确定"，弹出【选取款式】对话框（图 6-20）。

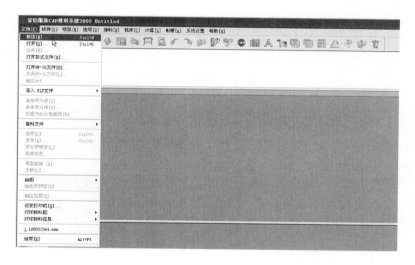

图 6-18　文档菜单中的【新建】

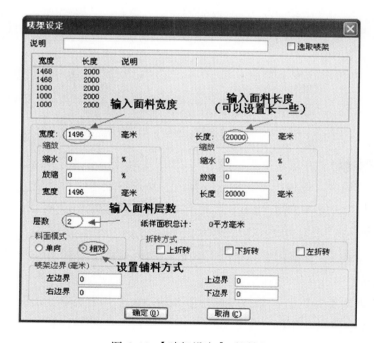

图 6-19　【唛架设定】对话框

图6-20 【选取款式】对话框

（3）单击"载入"，弹出【选取款式文档】对话框，单击文件类型文本框旁的三角按钮，可以选择要排料的样板文档（图6-21）。

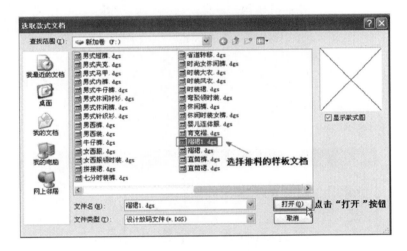

图6-21 【选取款式文档】对话框

（4）单击 [褶裙1.dgs] 文件名，单击"打开"，弹出【纸样制单】对话框。根据实际需要，可通过单击要修改的文本框进行补充输入或修改。检查各纸样的裁片数，并在"号型套数"栏，给各码输入所排套数（图6-22）。

（5）单击"确定"，【选取款式】对话框（图6-23）。

（6）再单击"确定"，即可看到纸样列表框内显示纸样，号型列表框内显示各号型纸样数量（图6-24）。

（7）这时需要对纸样的显示与打印进行参数的设定。单击菜单【选项】→【在唛架上显示纸样】，弹出【显示唛架纸样】对话框，单击"在布纹线上"和"在布纹线下"右边的三角箭头，勾选"纸样名称"等需要在布纹线上下显示的内容（图6-25）。

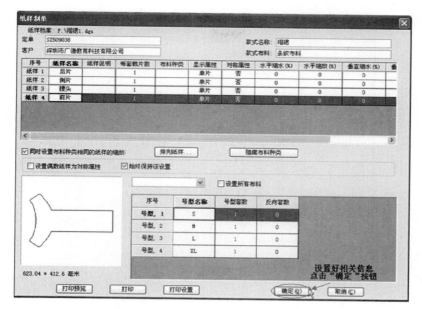

图 6-22 【纸样制单】对话框

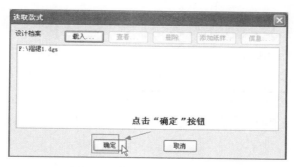

图 6-23 【选取款式】对话框

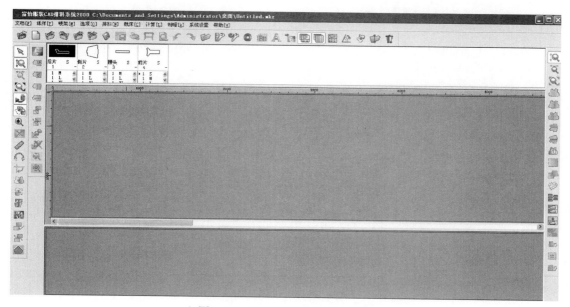

图 6-24 纸样列表框内显示纸样

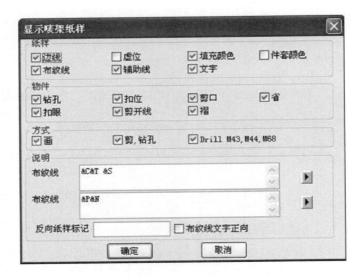

图 6-25 【显示唛架纸样】对话框

（8）设置自动排料。

① 单击菜单【排料】→【自动排料设定】，弹出【自动排料设置】对话框，选择"精细"，单击"确定"，然后单击菜单【排料】→【开始自动排料】（图 6-26）。

② 自动排料如图 6-27 所示，自动排料结果如图 6-28 所示。

（9）采用人机交换排料如图 6-29 所示，人机交换排料结果如图 6-30 所示。

（10）单击菜单【文档】→【另存】，弹出【另存为】对话框，保存唛架。排料文档如图 6-31 所示。

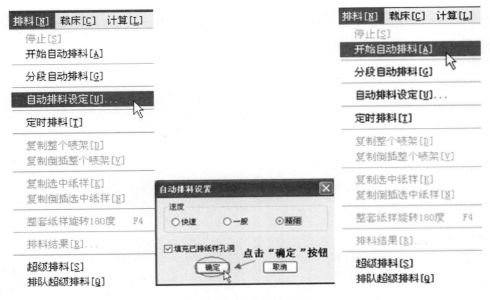

图 6-26 设置自动排料

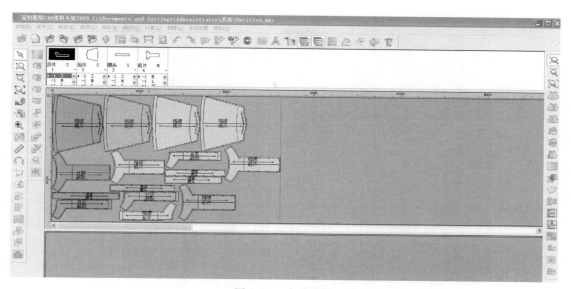

图 6-27 自动排料

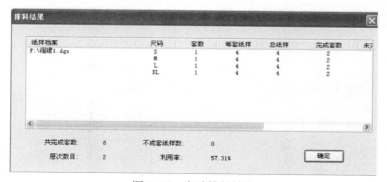

图 6-28 自动排料结果

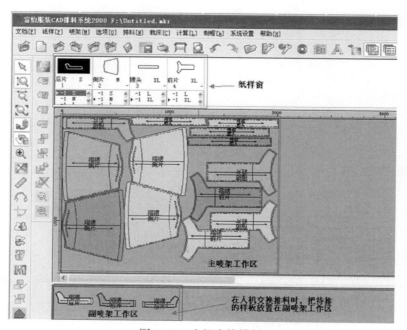

图 6-29 人机交换排料

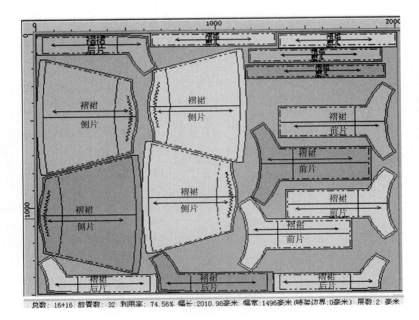

图 6-30　人机交换排料结果

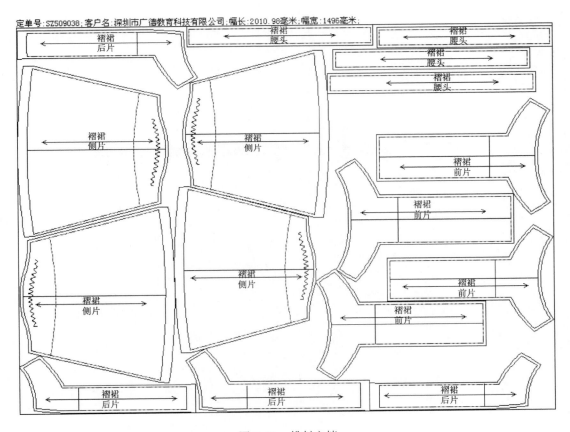

图 6-31　排料文档

第二节　休闲裤放码与排料

一、休闲裤放码

（1）设置号型规格表（图6-32）。

单击【号型】菜单→【号型编辑】，增加需要的号型并设置好各号型的颜色（注：为了让读者更直观看清放码的步骤，按键盘上方的F7隐藏缝份量）。

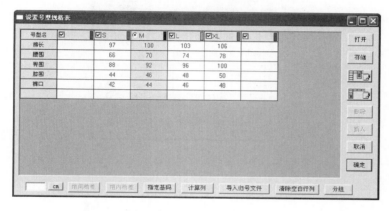

图6-32　设置号型规格表

（2）选择 工具，同时框选前片腰口线前中线端点和臀围线前中线端点，在纵向放缩栏输入放缩量 -0.4cm，然后点击"Y相等"（图6-33）。

（3）选择 工具，框选前片横裆线端点，在纵向放缩栏输入放缩量 -0.6cm，然后点击"Y相等"（图6-34）。

（4）选择 工具，同时框选前片裤口端点、膝围端点和装饰省，在纵向放缩栏输入放缩量 -0.5cm，然后点击"Y相等"（图6-35）。

（5）选择 工具，框选前片袋口端点 A，在纵向放缩栏输入放缩量 0.1cm，然后点击"Y相等"（图6-36）。

（6）选择 工具，同时框选前片袋口端点 B、臀围线端点、横裆线端点，在纵向放缩栏输入放缩量 0.6cm，然后点击"Y相等"（图6-37）。

（7）选择 工具，同时框选前片前片裤口端点、膝围端点，在纵向放缩栏输入放缩量 0.5cm，然后点击"Y相等"（图6-38）。

（8）选择 工具，框选前片袋口端点，在横向放缩栏输入放缩量 0.2cm，然后点击"X相等"（图6-39）。

（9）选择 工具，同时框选后片腰口线后中端点和臀围线后中端点，在纵向放缩栏输入放缩量 -0.4cm，然后点击"Y相等"（图6-40）。

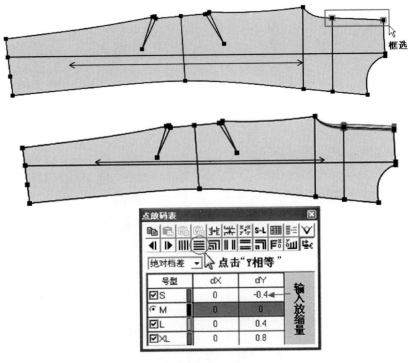

图 6-33　前片腰口线前中线端点和臀围线前中线端点纵向放缩效果图

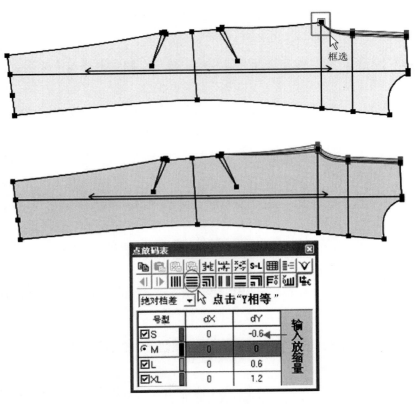

图 6-34　横裆线端点纵向放缩效果图

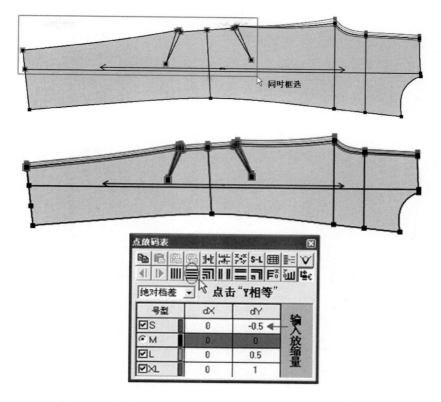

图 6-35 前片裤口端点、膝围端点和装饰省纵向放缩效果图

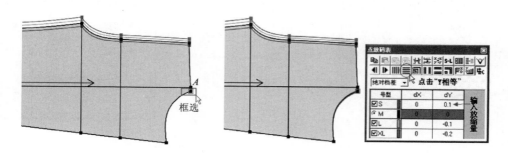

图 6-36 前片袋口端点纵向放缩效果图

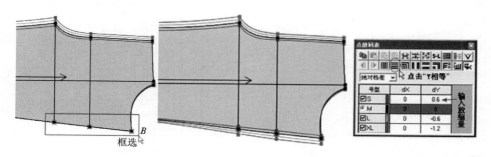

图 6-37 前片袋口端点、臀围线端点、横裆线端点纵向放缩效果图

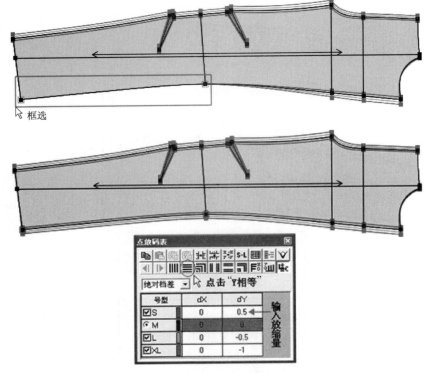

图 6-38　前片裤口端点、膝围端点纵向放缩效果图

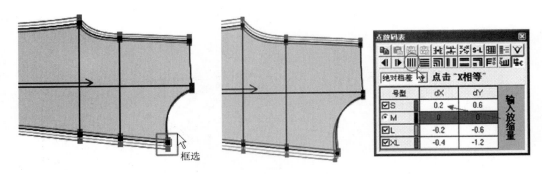

图 6-39　前片袋口端点横向放缩效果图

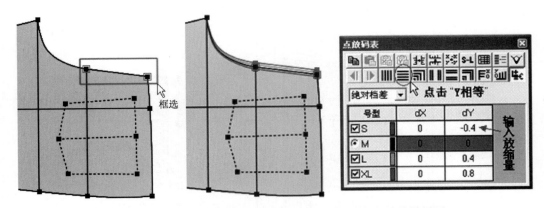

图 6-40　后片腰口线后中端点和臀围线后中端点纵向放缩效果图

（10）选择 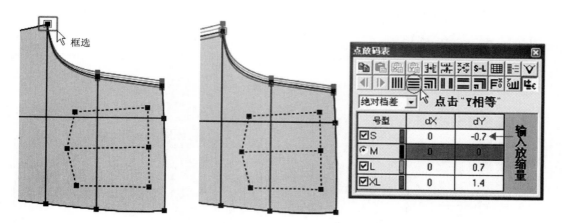 工具，框选后片横裆线端点，在纵向放缩栏输入放缩量 –0.7cm，然后点击"Y 相等"（图 6-41）。

（11）选择 工具，同时框选后片裤口端点和膝围端点，在纵向放缩栏输入放缩量 –0.5cm，然后点击"Y 相等"（图 6-42）。

图 6-41　后片横裆线端点纵向放缩效果图

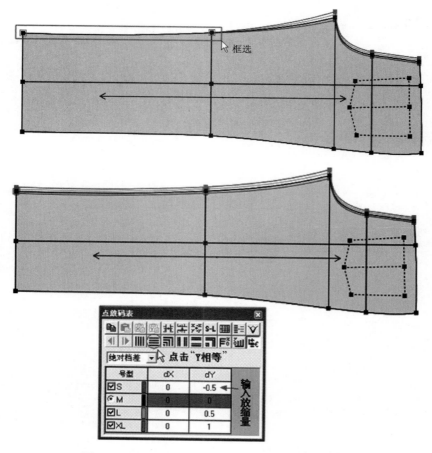

图 6-42　后片裤口端点和膝围端点纵向放缩效果图

（12）选择 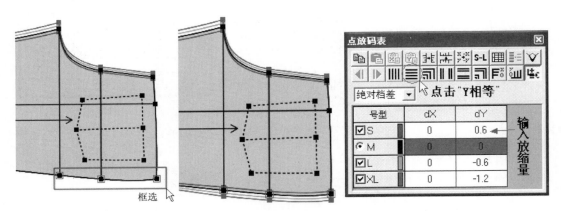工具，同时框选后片腰口线端点、臀围线端点、横裆线端点，在纵向放缩栏输入放缩量 0.6cm，然后点击"Y 相等"（图 6-43）。

（13）选择工具，同时框选后片膝围线端点、裤口线端点，在纵向放缩栏输入放缩量 0.5cm，然后点击"Y 相等"（图 6-44）。

（14）选择工具，框选后片贴袋左侧，在纵向放缩栏输入放缩量 –0.15cm，然后点击"Y 相等"（图 6-45）。

（15）选择工具，框选后片贴袋中线，在纵向放缩栏输入放缩量 0.1cm，然后点击"Y相等"（图 6-46）。

图 6-43　后片腰口线端点、臀围线端点、横裆线端点纵向放缩效果图

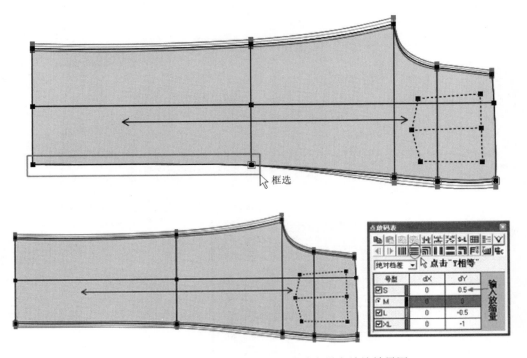

图 6-44　后片膝围线端点、裤口线端点纵向放缩效果图

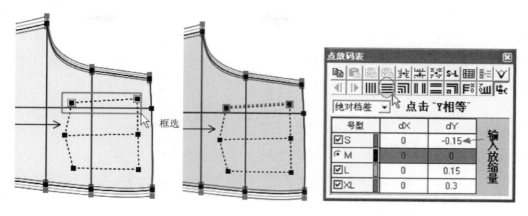

图 6-45　后片贴袋左侧纵向放缩效果图

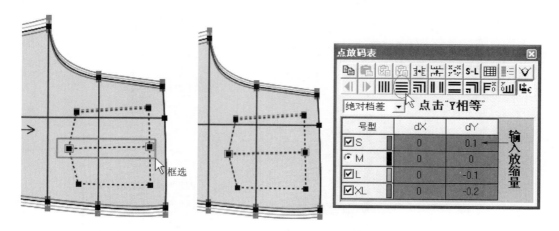

图 6-46　后片贴袋中线纵向放缩效果图

（16）选择 [图标]工具，框选后片贴袋右侧，在纵向放缩栏输入放缩量 0.35cm，然后点击"Y相等"（图 6-47）。

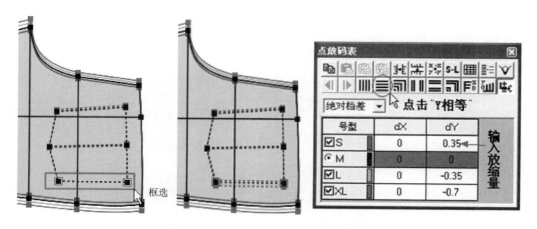

图 6-47　后片贴袋右侧纵向放缩效果图

（17）选择 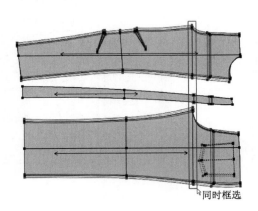工具，同时框选前片、前侧片和后片臀围线、后贴袋下口，在横向放缩栏输入放缩量0.5cm，然后点击"X相等"（图6-48）。

（18）选择 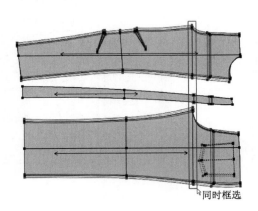工具，同时框选前片、前侧片和后片横裆线，在横向放缩栏输入放缩量0.7cm，然后点击"X相等"（图6-49）。

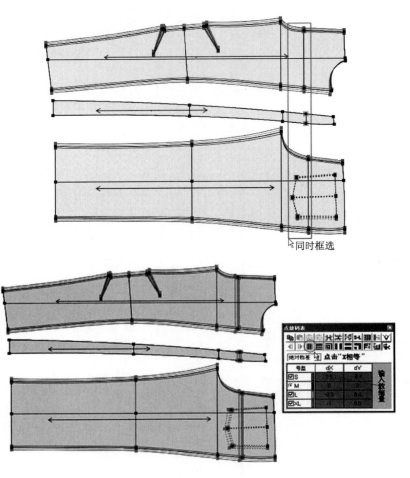

图6-48 前片、前侧片和后片臀围线、后贴袋下口横向放缩效果图

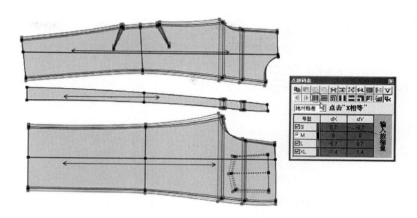

图 6-49 前片、前侧片和后片横裆线横向放缩效果图

（19）选择 ![工具，同时框选前片、前侧片和后片膝围线和装饰省，在横向放缩栏输入放缩量 1.8cm，然后点击"X 相等"（图 6-50）。

（20）选择 ![工具，同时框选前片、前侧片和后片裤口线，在横向放缩栏输入放缩量 3cm，然后点击"X 相等"（图 6-51）。

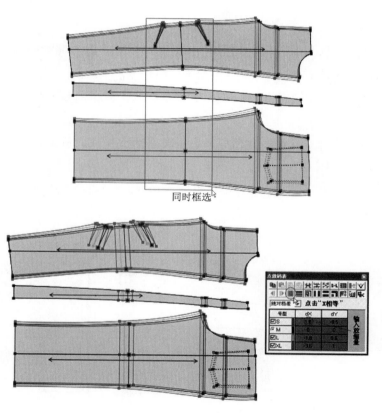

图 6-50 前片、前侧片和后片膝围线和装饰省横向放缩效果图

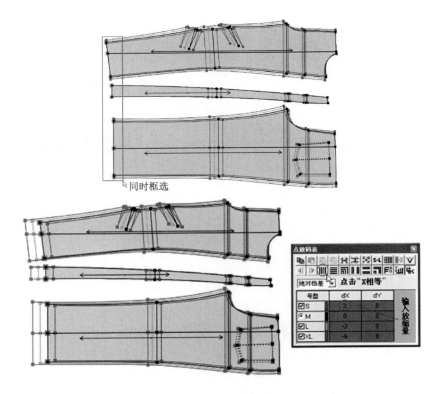

图 6-51　前片、前侧片和后片裤口线横向放缩效果图

（21）选择 工具，同时框选门襟和里襟上口，在横向放缩栏输入放缩量 –0.5cm，然后点击"X 相等"（图 6-52）。

（22）选择 工具，同时框选袋布和垫袋布右侧，在纵向放缩栏输入放缩量 0.5cm，然后点击"Y 相等"（图 6-53）。

（23）选择 工具，同时框选袋布和垫袋布右侧，在横向放缩栏输入放缩量 0.2cm，然后点击"X 相等"（图 6-54）。

（24）选择 工具，同时框选袋布和垫袋布左侧，在纵向放缩栏输入放缩量 –0.5cm，然后点击"Y 相等"（图 6-55）。

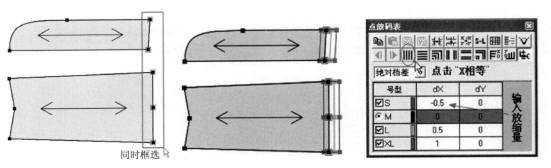

图 6-52　门襟和里襟上口横向放缩效果图

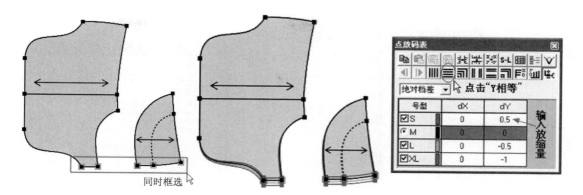

图 6-53　袋布和垫袋布右侧纵向放缩效果图

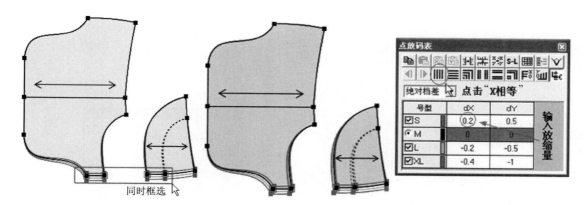

图 6-54　袋布和垫袋布右侧横向放缩效果图

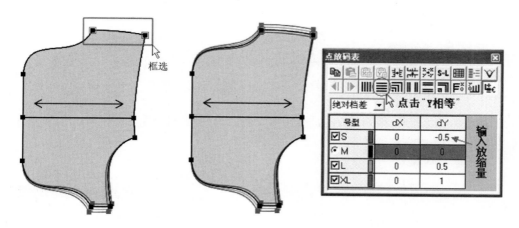

图 6-55　袋布和垫袋布左侧纵向放缩效果图

（25）选择 工具，同时框选袋布和垫袋布左侧下端点，在横向放缩栏输入放缩量 0.2cm，然后点击 "X 相等"（图 6-56）。

（26）选择 工具，同时框选袋布和后贴袋下口，在横向放缩栏输入放缩量 0.5cm，然后点击 "X 相等"（图 6-57）。

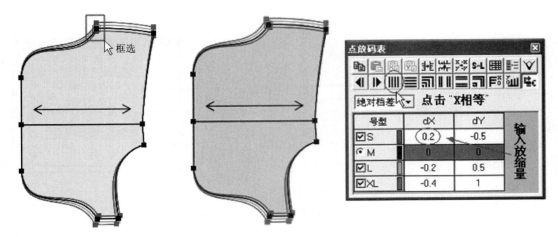

图 6-56　袋布和垫袋布左侧下端点横向放缩效果图

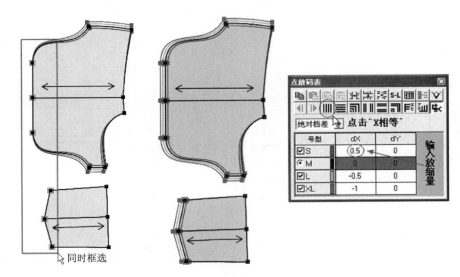

图 6-57　袋布和后贴袋下口横向放缩效果图

（27）选择 工具，框选后贴袋左侧，在纵向放缩栏输入放缩量 –0.25cm，然后点击"Y相等"（图 6-58 ）。

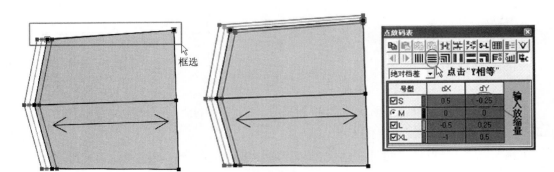

图 6-58　后贴袋左侧纵向放缩效果图

（28）复制粘贴放码量。

① 选择 ⬚ 工具，先框选被复制放码的部位，点击复制放码量；再用 ⬚ 工具框选要复制放码的部位，点击"粘贴 X"（图 6–59）。

② 选择 ⬚ 工具，框选已复制好放码量的部位，点击"X 取反"（图 6–60）。

（29）选择 ⬚ 工具，同时框选前左腰头、前右腰头、后育克、后腰头左侧，在纵向放缩栏输入放缩量 –1cm，然后点击"Y 相等"（图 6–61）。

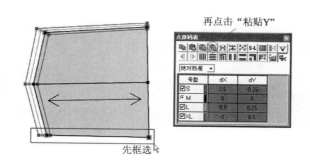

图 6–59　复制粘贴放码量步骤 1

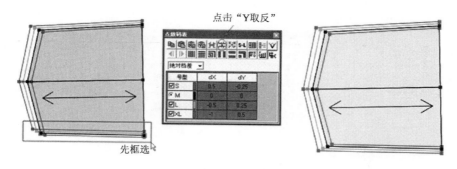

图 6–60　复制粘贴放码量步骤 2

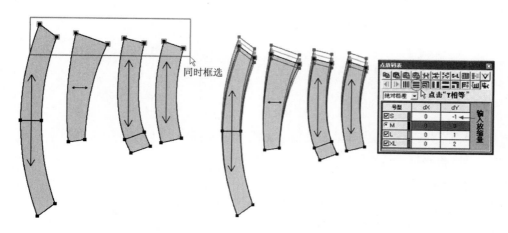

图 6–61　前左腰头、前右腰头、后育克、后腰头左侧纵向放缩效果图

（30）选择 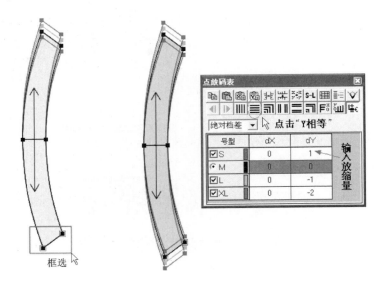工具,框选后腰头右侧,在纵向放缩栏输入放缩量1cm,然后点击"Y相等"（图6-62）。

（31）放码完整图（图6-63）。

图6-62　后腰头右侧纵向放缩效果图

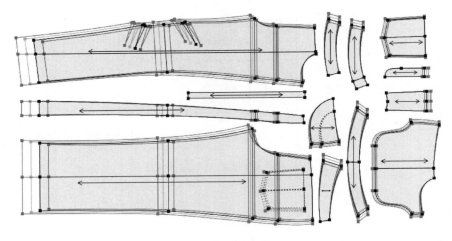

图6-63　放码完整图

二、休闲裤排料

（1）单击 新建工具或者单击菜单【文档】中的【新建】（图6-64）,弹出【唛架设定】对话框,设定布幅宽（唛架宽度根据实际情况来定）及估计的大约唛架长,最好略多一些,唛架边界可以根据实际情况自行设定（图6-65）。

（2）单击"确定",弹出【选取款式】对话框（图6-66）。

（3）单击"载入",弹出【选取款式文档】对话框,单击"文件类型"文本框旁的三角按钮,可以选择要排料的样板文档（图6-67）。

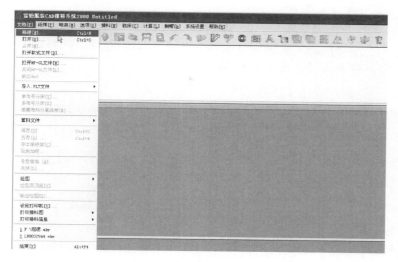

图 6-64 文档菜单中的【新建】

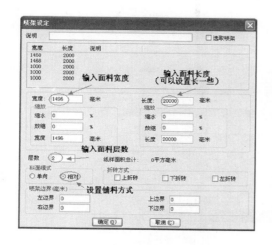

图 6-65 【唛架设定】对话框

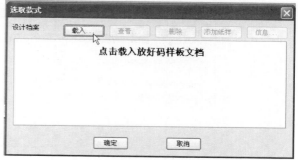

图 6-66 【选取款式】对话框

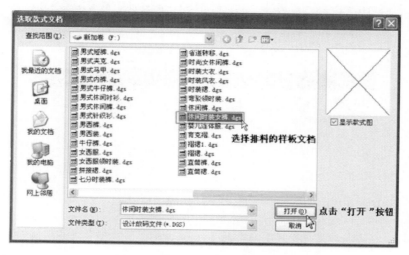

图 6-67 【选取款式文档】对话框

（4）单击 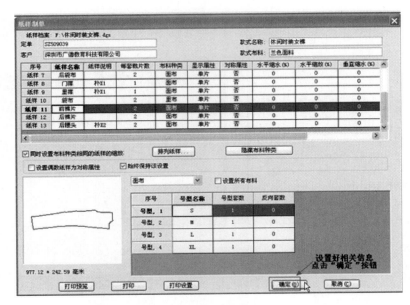（休闲时装女裤.4cs）文件名，单击"打开"，弹出【纸样制单】对话框。根据实际需要，可通过单击要修改的文本框进行补充输入或修改。检查各纸样的裁片数，并在"号型套数"栏，给各码输入所排套数（图6-68）。

（5）单击"确定"，弹出【选取款式】对话框（图6-69）。

（6）再单击"确定"，即可看到纸样列表框内显示纸样，号型列表框内显示各号型纸样数量（图6-70）。

（7）这时需要对纸样的显示与打印进行参数的设定。单击菜单【选项】→【在唛架上显示纸样】，弹出【显示唛架纸样】对话框，单击"在布纹线上"和"在布纹线下"右边的三角箭头，勾选"纸样名称"等所需在布纹线上下显示的内容（图6-71）。

（8）设置自动排料。

① 单击菜单【排料】→【自动排料设定】弹出【自动排料设置】对话框，选择"精细"，单击"确定"，然后单击菜单【排料】→【开始自动排料】（图6-72）。

图6-68 【纸样制单】对话框

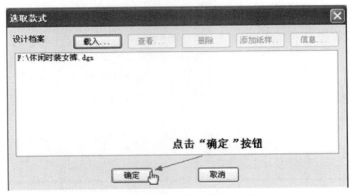

图6-69 【选取款式】对话框

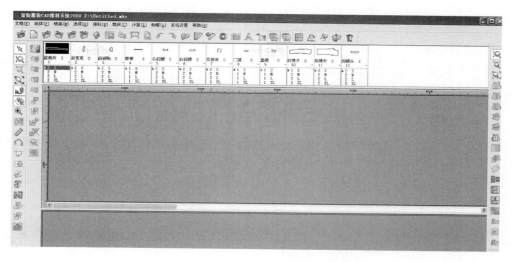

图 6-70　纸样列表框内显示纸样

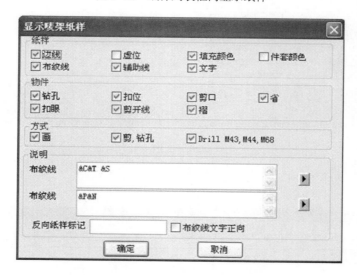

图 6-71　【显示唛架纸样】对话框

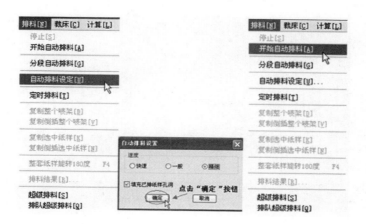

图 6-72　设置自动排料

② 自动排料如图 6-73 所示。

（9）采用人机交换排料如图 6-74 所示，人机交换排料结果如图 6-75 所示。

（10）单击菜单【文档】→【另存】，弹出【另存为】对话框，保存唛架，排料文档如图 6-76 所示。

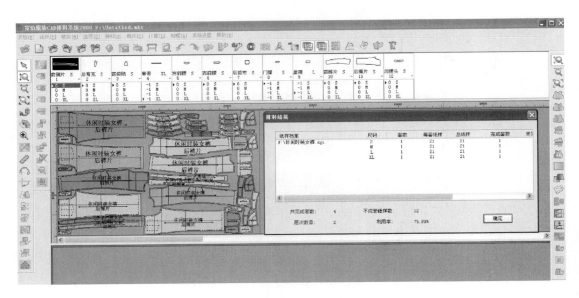

图 6-73　自动排料

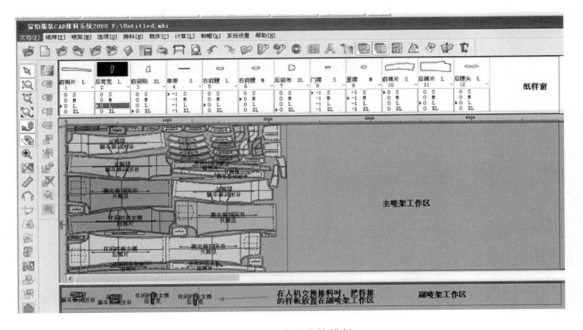

图 6-74　人机交换排料

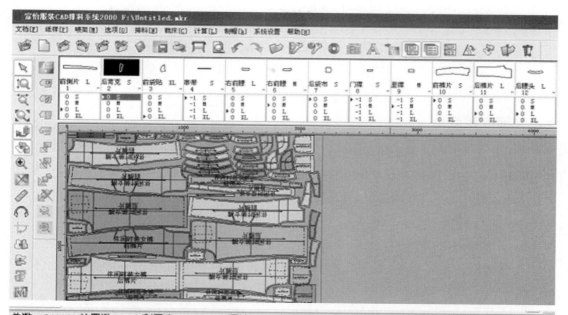

图 6-75　人机交换排料结果

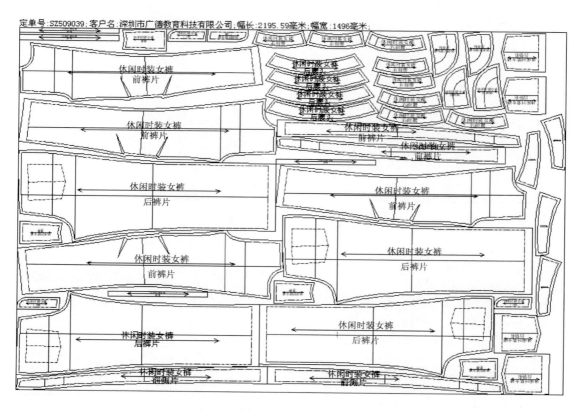

图 6-76　排料文档

第三节　短袖衬衫放码与排料

一、短袖衬衫放码

（1）设置号型规格表（图6-77）。

单击菜单【号型】→【号型编辑】，增加需要的号型，并设置好各号型的颜色（注：为了让读者更直观看清放码的步骤，按键盘上方的F7隐藏缝份量）。

（2）选择 ▧ 工具，同时框选后中片和前中片的横开领端点，在横向放缩栏输入放缩量0.2cm，然后点击"X相等"（图6-78）。

（3）选择 ▧ 工具，同时框选后中片和前中片的左侧，在横向放缩栏输入放缩量0.5cm，然后点击"X相等"（图6-79）。

图6-77　设置号型规格表

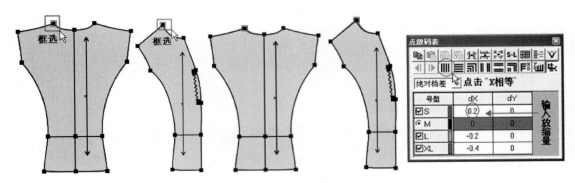

图6-78　后中片和前中片的横开领端点横向放缩效果图

图 6-79　后中片和前中片左侧横向放缩效果图

（4）选择 工具，同时框选后中片和前中片的肩端点，在纵向放缩栏输入放缩量 0.1cm，然后点击"Y 相等"（图 6-80）。

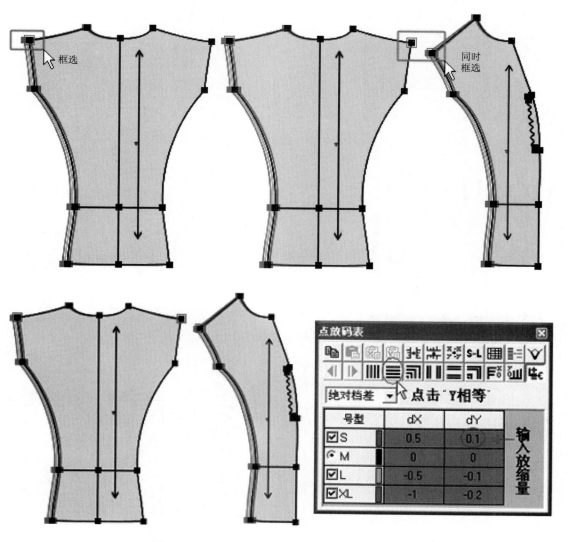

图 6-80　后中片和前中片肩端点纵向放缩效果图

（5）选择 工具，同时框选后中片和前中片的袖窿分割点，在纵向放缩栏输入放缩量 0.3cm，然后点击"Y 相等"（图 6-81）。

（6）选择 工具，同时框选后中片和前中片的腰围线，在纵向放缩栏输入放缩量 1cm，然后点击"Y 相等"（图 6-82）。

（7）选择 工具，同时框选后中片和前中片的摆围线，在纵向放缩栏输入放缩量 1.5cm，然后点击"Y 相等"（图 6-83）。

（8）选择 工具，框选前中片的直开领端点，在纵向放缩栏输入放缩量 0.2cm，然后点击"Y 相等"（图 6-84）。

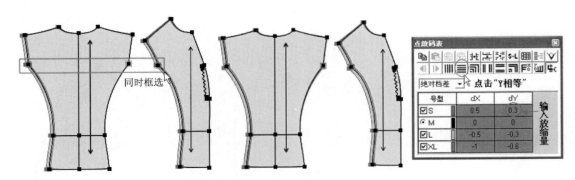

图 6-81 后中片和前中片袖窿分割点的纵向放缩效果图

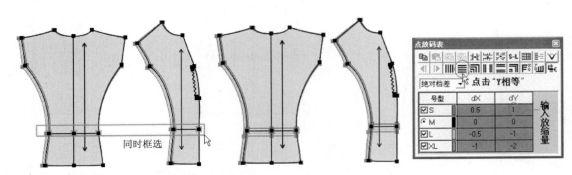

图 6-82 后中片和前中片腰围线的纵向放缩效果图

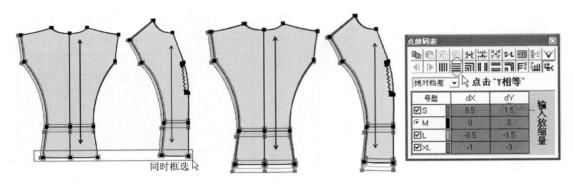

图 6-83 后中片和前中片摆围线的纵向放缩效果图

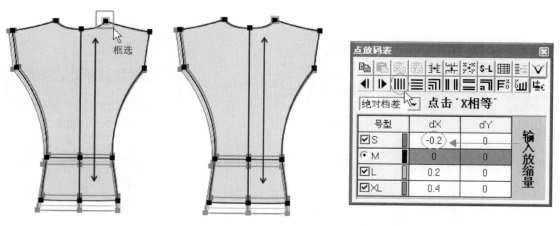

图 6-84　前中片的直开领端点的纵向放缩效果图

（9）选择 工具，框选后中片的横开领端点，在横向放缩栏输入放缩量 -0.2cm，然后点击"X 相等"（图 6-85）。

（10）选择 工具，框选后中片的右侧，在横向放缩栏输入放缩量 -0.5cm，然后点击"X相等"（图 6-86）。

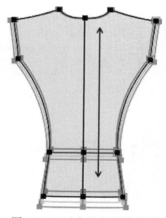

图 6-85　后中片的横开领端点横向放缩效果图

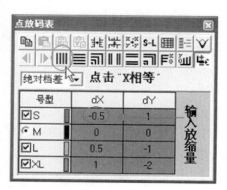

图 6-86　后中片右侧横向放缩效果图

（11）选择 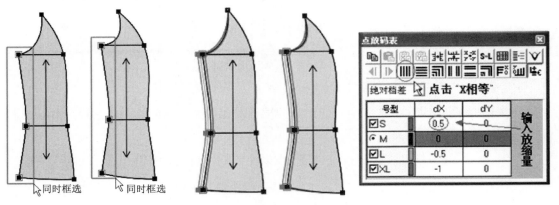 工具，同时框选后侧片和前侧片的侧缝线，在横向放缩栏输入放缩量0.5cm，然后点击"X相等"（图6-87）。

（12）选择 工具，同时框选后侧片和前侧片的胸围线，在纵向放缩栏输入放缩量0.3cm，然后点击"Y相等"（图6-88）。

（13）选择 工具，同时框选后侧片和前侧片的腰围线，在纵向放缩栏输入放缩量0.7cm，然后点击"Y相等"（图6-89）。

图6-87　后侧片和前侧片侧缝线横向放缩效果图

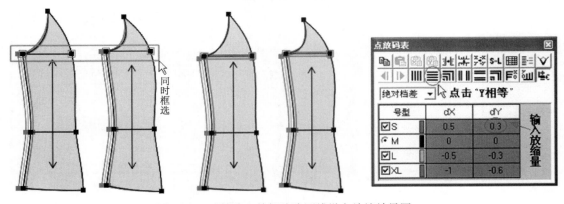

图6-88　后侧片和前侧片胸围线纵向放缩效果图

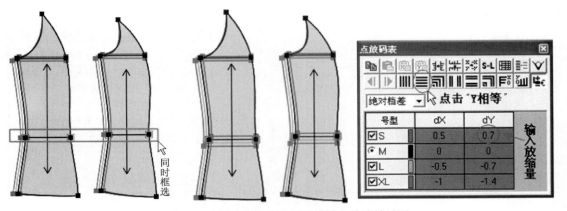

图6-89　后侧片和前侧片腰围线纵向放缩效果图

（14）选择 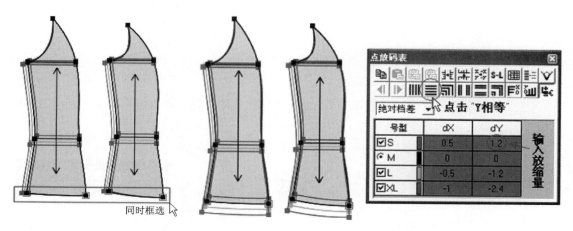工具，同时框选后侧片和前侧片的摆围线，在纵向放缩栏输入放缩量 1.2cm，然后点击"Y 相等"（图 6-90）。

（15）选择 工具，同时框选领座和翻领的右侧，在纵向放缩栏输入放缩量 –0.5cm，然后点击"X 相等"（图 6-91）。

（16）选择 工具，同时框选领座和翻领的左侧，在纵向放缩栏输入放缩量 0.5cm，然后点击"X 相等"（图 6-92）。

图 6-90　后侧片和前侧片摆围线纵向放缩效果图

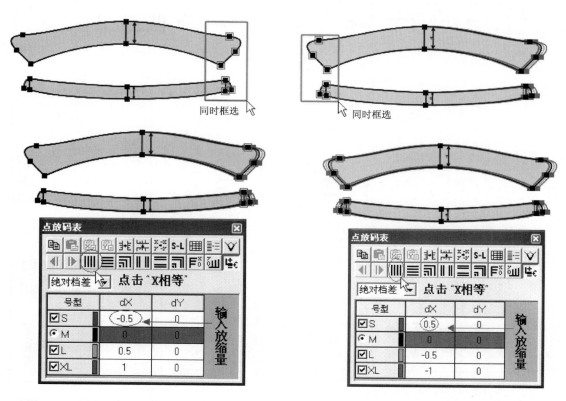

图 6-91　领座和翻领右侧横向放缩效果图　　　　　图 6-92　领座和翻领左侧横向放缩效果图

（17）选择 ▨工具，框选袖口左侧，在横向放缩栏输入放缩量 0.8cm，然后点击 "X 相等"（图 6-93）。

（18）选择 ▨工具，框选袖山顶点，在纵向放缩栏输入放缩量 0.5cm，然后点击 "Y 相等"（图 6-94）。

（19）选择 ▨工具，框选袖口右侧，在横向放缩栏输入放缩量 –0.8cm，然后点击 "X 相等"（图 6-95）。

（20）选择 ▨工具，框选袖克夫右侧，在横向放缩栏输入放缩量 –1cm，然后点击 "X 相等"（图 6-96）。

（21）选择 ▨工具，同时框选门襟上口弧线和第一颗扣位，在纵向放缩栏输入放缩量 0.2cm，然后点击 "Y 相等"（图 6-97）。

（22）选择 ▨工具，框选门襟第二颗扣位，在纵向放缩栏输入放缩量 0.4cm，然后点击 "Y 相等"（图 6-98）。

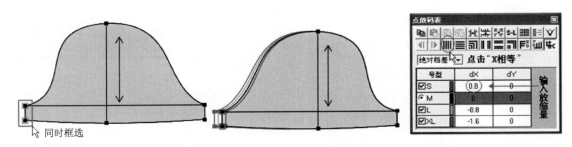

图 6-93　袖口左侧横向放缩效果图

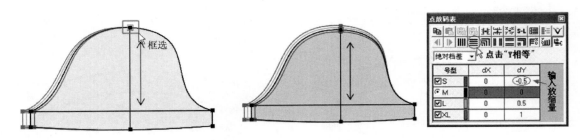

图 6-94　袖山顶点纵向放缩效果图

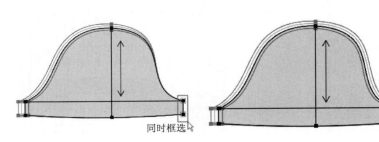
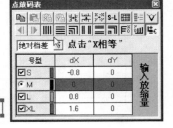

图 6-95　袖口右侧横向放缩效果图

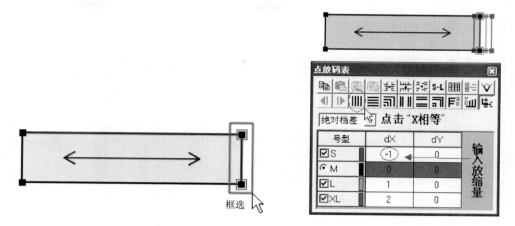

图 6-96　袖克夫右侧横向放缩效果图

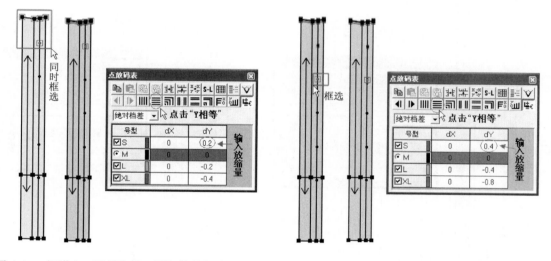

图 6-97　门襟上口弧线和第一颗扣位纵向放缩效果图　　图 6-98　门襟第二颗扣位纵向放缩效果图

（23）选择 工具，框选门襟第三颗扣位，在纵向放缩栏输入放缩量 0.6cm，然后点击"Y相等"（图 6-99 ）。

（24）选择 工具，框选门襟第四颗扣位，在纵向放缩栏输入放缩量 0.8cm，然后点击"Y相等"（图 6-100 ）。

（25）选择 工具，框选门襟第五颗扣位，在纵向放缩栏输入放缩量 1cm，然后点击"Y相等"（图 6-101 ）。

（26）选择 工具，框选门襟下口，在纵向放缩栏输入放缩量 1.5cm，然后点击"Y相等"（图 6-102 ）。

（27）放码完整图如图 6-103 所示。

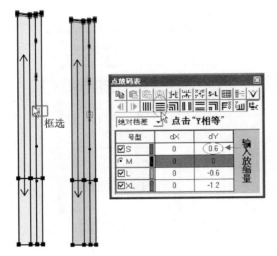

图 6-99　门襟第三颗扣位纵向放缩效果图

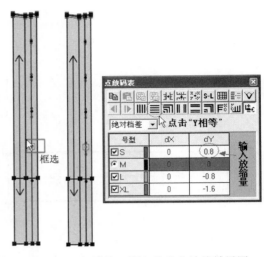

图 6-100　门襟第四颗扣位纵向放缩效果图

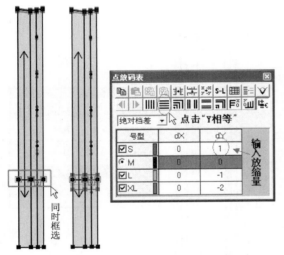

图 6-101　门襟第五颗扣位纵向放缩效果图

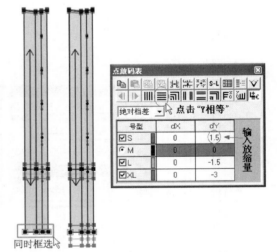

图 6-102　门襟下口纵向放缩效果图

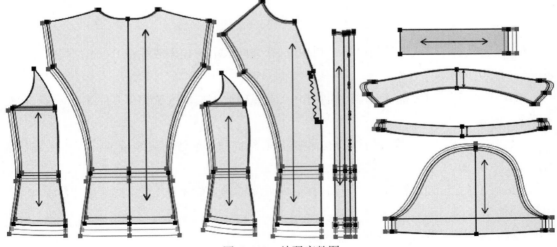

图 6-103　放码完整图

二、短袖衬衫排料

（1）单击 新建或者单击菜单【文档】→【新建】（图6-104），弹出【唛架设定】对话框，设定布幅宽（唛架宽度根据实际情况来定）及估计的大约唛架长，最好略多一些，唛架边界可以根据实际自行设定（图6-105）。

（2）单击"确定"，弹出【选取款式】对话框（图6-106）。

（3）单击"载入"，弹出【选取款式文档】对话框，单击"文件类型"文本框旁的三角按钮，可以选择要排料的样板文档（图6-107）。

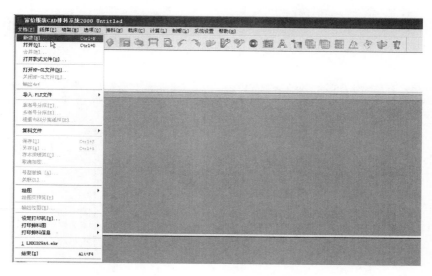

图6-104　【文档】菜单中的【新建】

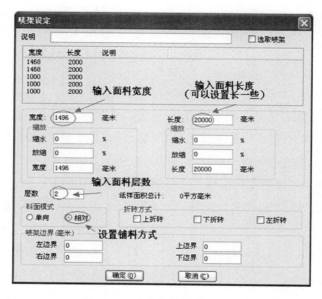

图6-105　【唛架设定】对话框

图 6-106 【选取款式】对话框

图 6-107 【选取款式文档】对话框

（4）单击 短袖衬衫.dgs 文件名，单击"打开"，弹出【纸样制单】对话框。根据实际需要，可通过单击要修改的文本框进行补充输入或修改。检查各纸样的裁片数，并在"号型套数"栏，给各码输入所排套数（图 6-108）。

（5）单击"确定"，弹出【选取款式】对话框（图 6-109）。

（6）再单击"确定"，即可看到纸样列表框内显示纸样，号型列表框内显示各号型纸样数量（图 6-110）。

（7）这时需要对纸样的显示与打印进行参数的设定。单击菜单【选项】→【在唛架上显示纸样】，弹出【显示唛架纸样】对话框，单击"在布纹线上"和"在布纹线下"右边的三角箭头，勾选"边线"等需要在布纹线上下显示的内容（图 6-111）。

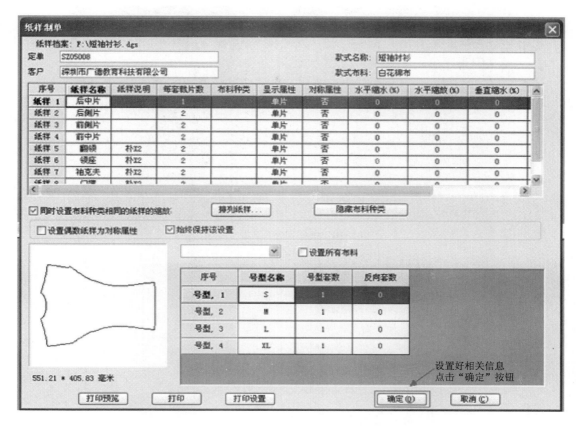

图 6-108 【纸样制单】对话框

图 6-109 【选取款式】对话框

（8）设置自动排料。

① 单击菜单【排料】→【自动排料设定】，弹出【自动排料设置】对话框，选择"精细"，单击"确定"，然后单击菜单【排料】→【开始自动排料】（图6-112）。

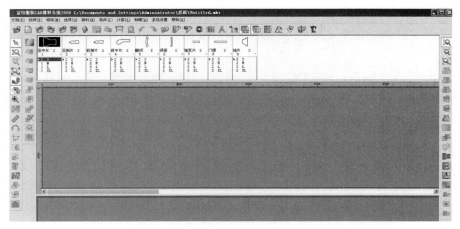

图 6-110 纸样列表框内显示纸样

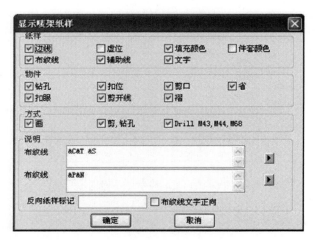

图 6-111 【显示唛架纸样】对话框

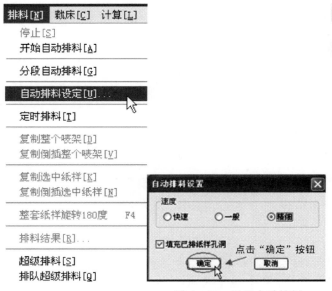

图 6-112 设置自动排料

② 自动排料结果如图 6-113 所示。

（9）采用人机交换排料如图 6-114 所示，人机交换排料结果如图 6-115 所示。

（10）单击菜单【文档】→【另存】，弹出【另存为】对话框，保存唛架，排料文档如图 6-116 所示。

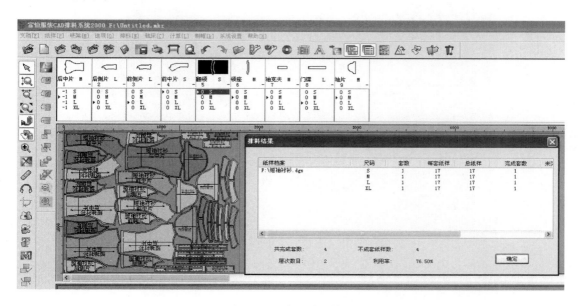

图 6-113　自动排料结果

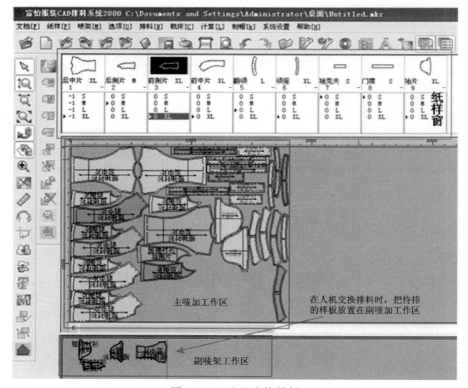

图 6-114　人机交换排料

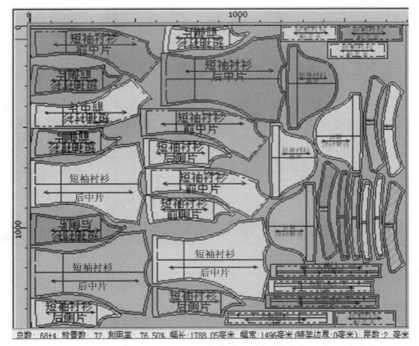

图 6-115　人机交换排料结果

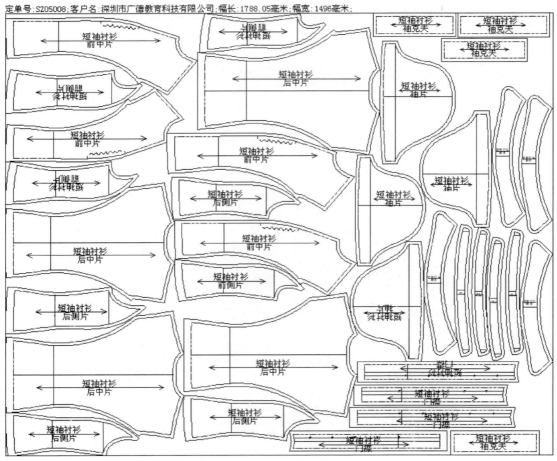

图 6-116　排料文档

第七章　备赛指导

　　为了充分展示职业教育改革发展的丰硕成果，集中展现职业院校师生的风采，努力营造全社会关心、支持职业教育发展的良好氛围，促进职业院校与行业企业的产教结合，更好地为我国经济建设和社会发展服务，国家教育部联合天津市人民政府、人力资源和社会保障部等国家部委每年7月份在天津市举办全国职业院校技能大赛。通过举办全国职业院校技能大赛中职组服装设计制作竞赛，职业院校从办学、示范校建设和课程改革等多方面得到启迪。技能大赛应具有更加完善的价值取向，在比赛内容和比赛形式的设置上体现对职业能力的考评与检阅，以此推动校企合作、工学结合，引领中职服装学校进一步深化教育教学改革。过去的职业教育总是跟着行业走，近几年，通过全国职业院校技能大赛的推动，职业教育起到了引领行业的先锋作用。举办职业院校技能大赛，是职业教育工作的一项重大制度设计与创新，也是培养、选拔技能型人才并使之脱颖而出的重要途径。因此，技能大赛的价值取向在很大程度上引导着职业教育改革和发展的方向。

　　"以赛促教、以赛促学，突出学生创新能力和实践动手能力培养，提升学生职业能力和就业质量"已经成为全国职业院校积极参加竞赛的初衷。在备赛过程中如何组织，如何选拔备赛选手，如何对备赛选手进行模块化训练，如何培养备赛选手心理素质，参赛时如何管理好学生的日常生活，成为每位指导教师必须考虑的问题。本章提出了一些建议性训练方法以供参考。

第一节　项目模块化教学

　　每届全国总决赛结束之时，全国各中职服装学校就要开始着手下一届大赛的参赛准备了。做好参赛准备工作已经成为各中职服装学校的首要工作。

一、针对大赛竞赛项目，调整专业课程教学方式

　　针对大赛比赛项目，将以往的单科式教学方法，转向项目化模块课程教学模式。通过项目模块化教学，提升整个班级学生的创新能力和实践动手能力。

　　1.项目模块化教学结构

　　（1）知识结构。

　　①掌握服装设计基本知识、服装设计工作流程、服装结构造型设计原理与方法。

② 掌握服装材料、服装工艺缝制知识。

③ 掌握服装工业制板的工作原理、推板规则。

④ 掌握 WINDOWS 操作系统的使用方法以及计算机基础知识。

⑤ 掌握服装设计知识，能借助 Coreldraw、Photoshop、Illustrator 等常用软件进行服装设计。

⑥ 掌握服装制板知识，能借助服装 CAD 软件熟练进行服装结构设计、推板、排料。

⑦ 掌握服装生产、技术管理的知识。

⑧ 掌握服装机械使用和维护保养知识。

⑨ 掌握服装营销、市场预测等方面的知识。

⑩ 掌握服装常用英语词汇达到 4000 个左右，掌握基本语法，能进行一般的阅读与表达。

（2）能力结构。

① 具有人体测量、成衣放松量设计、不同风格时装成衣规格尺寸制订能力。

② 具有鉴别服装材料的能力，同时，能根据面料的颜色和质地性能进行服装款式设计。

③ 能独立处理不同款式的服装结构变化，具有手工制板和服装 CAD 制板、出样能力。

④ 具有编写工艺制单、工艺指导、组织生产、管理的能力。

⑤ 具有参与服装流行预测和服装销售的能力。

⑥ 具有根据服装流行趋势设计构思成衣的能力。

⑦ 具有各种设计软件进行服装款式设计绘图的能力。

⑧ 具有手绘效果图和款式图的能力。

⑨ 具有较强的自学能力、适应能力、组织管理能力和社交能力。

⑩ 具有分析和解决问题的能力、获取信息的能力和创新能力。

（3）素质结构。

① 热爱祖国，遵纪守法，团结协作，爱岗敬业。

② 树立服务质量第一的思想，具有良好的职业道德。

③ 热爱所学专业，有良好的职业兴趣素质。

④ 有良好的职业意识素质和职业情感素质。

⑤ 勤于实践，有良好的创新意识和奉献意识。

⑥ 具有良好的心理防御系统，能够抵御外界的不良干扰，具有一定的心理承受能力。

⑦ 具有健康的体魄、美好的心灵和健康的审美观。

⑧ 具有自我减压的能力，能够调整好自己的心理和学习状态。

⑨ 具有不怕吃苦的精神，乐于专业技术学习。

⑩ 具有钢铁般的意志力。

2. 通过以下职业岗位进行项目模块化教学

① 服装设计岗位（如服装设计师、设计助理等）。

② 服装制板岗位（如服装打板师、打板助理等）。

③ 服装推板岗位（如推板师、服装 CAD 推板师等）。

④ 服装排料岗位（如排料师、面料预算员等）。

⑤ 服装缝制岗位（如流水缝纫工、整件样衣工等）。

⑥ 服装成衣开发岗位（如整件样衣工、服装工艺员等）。

⑦ 服装品质控制与管理岗位（如服装 QC、服装跟单员等）。

⑧ 服装色彩搭配与服饰陈列岗位（如服装色彩搭配师、服饰陈列师等）。

⑨ 服装生产管理岗位（如服装生产管理人员等）。

⑩ 服装营销岗位（如服装营销人员、服装营业员等）。

二、项目模块化教学方式

1. 项目模块化教学对学生的知识、能力、素质结构开发（表7-1）

表7-1　项目模块化教学对学生的知识、能力、素质结构开发对照表

名称	模块单元		单元模块应具有的知识、能力、素质结构				
基本素质模块	公共模块	政治、思想、职业道德	树立正确的人生观、价值观、良好的职业道德	具有良好的语言表达能力及中文应用写作能力	掌握英文基本语法，能进行一般的阅读与表达	掌握计算机使用方法和相关知识	具有良好的身体素质，体能达到国家规定的相应标准
		语文、英语、体育					
		现代信息技术基础					
		心理健康教育					
	专业模块	中外服装史	掌握中外服装历史，具有健康的审美观	掌握服装基础理论知识	具有阅读专业英文资料的能力	掌握服装经销管理方面的知识	掌握市场预测方面的知识
		服装市场营销					
		服装专业英语					
专业基础模块	造型模块	服装素描	具有对人物动态及服装的概括、提炼、画面组织、形体塑造能力	了解服装制板的基本原理和方法，具有人体测量能力	掌握服装结构设计的基本知识和服装	具有熟练手绘规范绘制服装效果图及款式图的能力	掌握服装机械设备的使用方法，具有熟练制作各类服装部件的能力
		人物动态素描					
		时装画技法					
	设计基础模块	服装制板基础					
		服装色彩					
		服装工艺基础					
		服装机械设备使用					
专业技能模块	女装模块	女装款式设计	具有熟练使用 Photoshop/Coreldraw 等设计软件绘制图稿的能力	具有鉴别服装材料的能力	具有根据服装流行趋势设计构思成衣的能力	具有女装设计、制板、制作的能力	具有立体裁剪制作服装的能力
		女装工业制板					
		女装工艺制作					
		计算机辅助设计					
		女装立体裁剪					
	男装模块	男装款式设计	掌握男装设计的知识和工作原理	掌握男装制板的知识和工作原理	掌握男装制作的知识和工作原理	具有男装设计、制板、制作的能力	具有较强的自学能力、适应能力和社交能力
		男装工业制板					
		男装工艺制作					
		男装立体裁剪					

名称	模块单元		单元模块应具有的知识、能力、素质结构				
专业技能模块	童装模块	童装款式设计	掌握童装设计的知识和工作原理	掌握童装制板的知识和工作原理	掌握童装制作的知识和工作原理	具有童装设计、制板、制作的能力	具有较强的自学能力、适应能力和社交能力
		童装工业制板					
		童装工艺制作					
		童装立体裁剪					
	训练模块	服装款式设计与企划	具有服装品牌策划和产品开发陈列、展示能力	掌握服装生产管理知识，具有组织生产的能力	能够借助计算机熟练进行服装结构设计	具有服装生产成本核算、定价、工艺单编制的能力	具有较强的组织管理能力
		服装工业制板					
		服装成衣缝制					
		服装 CAD					
		服装生产管理					
	顶岗实习	毕业设计作品制作	具有良好的沟通与协调能力	具有分析和解决问题的能力	具有获取信息的能力和创新能力	热爱服装职业，爱岗敬业，具有良好的品德	通过国家职业资格证（三级）考试
		企业见习					
		顶岗实习					
		毕业实习					

2. 项目模块化教学主干课程教学目的与参考学时对照（表7-2）

表7-2　项目模块化教学主干课程教学目的与参考学时对照表

序号	主干课程名称	教学目的	参考课时	
			理论	实践
1	服装美术基础	本课程着重培养学生的服装美术观察能力、表现能力、想象能力和创造能力。通过服装素描训练，提高学生观察理解和认识物象的本领，培养学生准确概括和整体描绘对象的能力、情感表达的形式美规律，提高服装美术修养和审美水平	44	68
2	服装画	本课程着重培养学生对服装款式图的造型能力，了解人体与服装的关系、时装画的技法表现及各种服装材料的表现方法，注重培养学生的创造性思维与技法表现能力	20	52
3	服装材料	本课程着重培养学生掌握服装面料和辅料的分类、品种和性能以及面辅料对服装设计与使用的影响；了解服装材料的检测、分析；了解掌握服装材料的选择方法和使用方法；了解服装材料的发展趋势，为学生在未来从事服装工作打好基础	40	20
4	时装画技法	本课程着重培养学生服装绘画能力，掌握好人物的形体比例、解剖结构、动态的规律、动作的变化特征，掌握服装与人体关系、服装款式的基本体现，掌握各种绘画手法及表现技法。通过专业化的指导和丰富的设计实例来帮助学生绘制成衣及高级服装的技法，从而激发他们的艺术灵感，成为他们设计服装的帮手	30	66

序号	主干课程名称	教学目的	参考课时	
			理论	实践
5	成衣款式设计	本课程着重培养学生服装设计的基本原理与技术，包括服装的造型设计原理、服装设计的创作思维、服装设计面料与色彩以及各类服装的设计技术，以及时装款式流行规律和预测、服装信息的收集与分析方法等。通过利用服装设计理论、结构设计法则和各类服装的设计方法及要求，结合市场状况和流行趋势预测，进行不同种类风格的成衣设计训练，在设计中充分考虑服装工业生产的特性，注重样板和工艺的结合，即作品向产品的转变，能够把设计的意图转化为实物，设计出符合消费要求的服装	30	84
6	服装结构制图	本课程着重培养学生掌握服装结构设计的基本原理、变化方式和基本技能。通过本课程的学习，使学生了解人体与服装结构的变化规律，了解各种服装款式间的结构区别与联系，使学生能依据服装款式及材料的特点较熟练地掌握一般上、下装的制图方法，具备独立完成成品制图的能力	30	84
7	服装工业制板	本课程通过理论学习与实践训练，使学生能独立制作出符合工业生产要求的样板，并能推出不同号型服装的工业样板，使学生了解服装工业纸样的规范与制作过程，掌握服装工业纸样制作与缩放的基本方法和技巧，使学生能依据服装款式及材料的特点，较好地掌握各类服装款式的纸样设计，以适应企业对服装技术人才实用性的需求	30	80
8	服装缝制工艺	本课程着重培养学生了解服装缝制设备使用和保养、服装缝制工艺的技术规程、服装生产工艺流程等知识。并通过裙子工艺、裤子工艺、衬衫工艺、女式西服工艺的学习，使学生系统地掌握制作工艺的内在规律，掌握各类服装及部件的缝制方法、步骤、技巧以及各种面辅料搭配的工艺应用，具有缝制各种服装的能力	20	90
9	计算机辅助设计	本课程通过对计算机辅助设计软件 Coreldraw、Photoshop、Illustrator 的学习，使学生能熟练掌握图像处理、图像合成、图形绘制等计算机操作技术进行服装款式图与效果图的表现	30	55
10	服装 CAD	通过本课程学习，使学生系统掌握服装 CAD 技术的主要操作技能，熟练掌握服装衣片结构设计、推板及排料等操作技能；能借助辅助设计系统，快速、准确地进行服装 CAD 工业样板设计；培养学生利用计算机进行服装设计制作的能力；掌握利用计算机进行样片的服装结构设计、工业制板及放码、排料等操作	30	55
11	服装营销	通过本课程学习，使学生树立现代营销观念，较系统掌握服装营销管理的基本理论，为成为能运用现代营销策略的管理人才奠定基础。要求学生掌握服装营销管理的基本理论、现代服装电子商务、物流管理知识，并在学习过程中参与服装市场调查研究和案例讨论，以提高实际操作能力	20	56
12	服装质量管理	通过本课程的学习，使学生了解服装品质管理的基本知识。掌握服装成衣检验、服装质量控制、企业质量管理流程、服装订单工艺文本的编制、客户对供应商的评估、质量成本管理、质量统计工具、全面质量管理的基本管理理念及管理方法	25	40
13	服装生产管理	通过本课程的学习，要求学生了解生产计划的制订、工艺单制订、质量与检验、成本分析的方法。要求学生掌握裁剪工艺、缝制工艺、整烫工艺、包装工艺等整个服装生产流程相关技能。课程内容以质量管理为中心，突出生产过程管理和生产现场管理	25	40

序号	主干课程名称	教学目的	参考课时 理论	实践
14	服装色彩与图案设计	通过本课程的学习，训练学生掌握服装色彩和图案设计的基本概念和规范，提高学生审美能力和实践表达能力，把握服装色彩的流行趋势。让学生掌握色彩三要素之间的关系及色彩规律，了解服装色彩的特性以及服饰色彩的对比与调和。熟悉服饰色彩的审美形式原则，能根据服装造型特点和色彩的心理、感情作用，充分发挥想象力，熟练运用色彩美的各种方法大胆进行服装配色。加强现代审美感，把握流行色彩的时代脉搏，确立服饰色彩的流行意识	26	52
15	服装立体裁剪	通过本课程的学习，让学生掌握立体裁剪的构思和方法，掌握立体裁剪的操作技能，了解服装与人体的关系，加深对人体结构的认识和对平面结构知识的理解，掌握平面裁剪与立体裁剪的关系和区别，能运用立体裁剪技术进行服装款式设计和结构设计	20	60
16	服装英语	服装英语是针对已完成基础英语课学习后的服装工程和设计专业学生，结合本专业内容而开设的一门外语课程。通过巩固和提高英语的听、说、写能力，使学生掌握阅读服装专业的英文资料和一般服装英文资料的能力	52	
17	服装陈列	通过本课程的学习，让学生了解服装陈列、服装店铺、服装卖场、服装会展示设计的应用知识。使学生掌握有关服装展示的多类手段、相关原理和方法，引导学生综合理解服装展示空间的功能区分和类别，以及在平面、空间、动态上的多种展示方式，培养学生根据不同要求和条件进行服装陈列展示构想、创意、表现的系统设计能力与协作能力	25	50
18	服装概论	通过本课程的学习，让学生了解服装的基本概念和基本性质，服装的发展、构成、设计的基础内容，再以现代服装产业为核心展开对其他学科的探讨。通过学习促进学生对服装概论有更全面的认识和理解，要求学生能很好地应用于实践，并能综合运用理论知识分析和解决实际问题	52	

三、项目模块化教学优势

1. 传统模式教学与项目模块化教学优势与区别对照（表7-3）

表7-3　传统模式教学与项目模块化教学优势与区别对照表

序号	传统模式教学	项目模块化教学
1	以教学任务为中心	以学生为中心
2	目的在于传授知识和技能	目的在于运用已有技能和知识
3	以教师教为主，学生被动学习	学生在教师的指导下主动学习
4	学生听从教师的指挥	学生可以根据自己的兴趣做出选择
5	外在动力十分重要	学生的内在动力充分得以调动
6	教师挖掘学生不足点以补充授课内容	教师利用学生的优点开展活动式教学
7	不能与现实生活紧密联结	能与现实生活紧密联结
8	不能培养学生的多种能力	能培养学生的多种能力
9	容易产生厌学情绪	有主动学习的热情
10	不能获取职业综合技能	能获取职业综合技能

2. 实施项目化模块教学对备赛和教学质量提升的意义

（1）通过实施项目模块化教学，方便选拔备赛选手。

通过项目模块化教学两个月后，可以对全校（或全班级）服装专业学生进行模拟大赛选拔，选拔一组优秀的学生进行针对大赛竞赛项目强化训练，这样更有获得好名次的把握。

（2）通过实施项目模块化教学，让备赛选手集训与正常上课两不误。

用传统的教学模式，容易出现"精英式教育"和实训备赛选手不能正常上课等问题，通过实施项目化教学，可以让实训备赛选手与其他同学一起上课学习和实训，这样可以激发备赛选手更加主动的学习热情。国家举办大赛的目的就是促进职业教育课程和体制的改革，通过实施项目模块化教学，不仅可以训练选手，同时，也使整体教学质量得到很好的提升。

（3）通过实施项目模块化教学，全面培养学生多种能力。

项目模块化教学目的在于培养学生的自学能力、观察能力、动手能力、研究和分析问题的能力、协作和互助能力、交际和交流能力以及生活和生存的能力。每个项目团队中的学生可按个性和能力特征向不同知识和能力结构发展，实现个性化、层次化培养目标。因此，项目模块化教学法不仅完成了能力目标的教学，也能完成做人目标的培养。

（4）为专业技能教育服务。

打破传统的学科体系，实施项目模块化教学法，不再呆板地强调学科自身的系统性、完整性，而更注重知识的行业性、实用性和各种知识的联系性，并要较好解决基础课为专业课服务之间的关系及专业理论知识为技能教育服务。

（5）完全模拟企业生产运作模式，进行项目化的教学。

在教学实施过程中，模拟服装企业生产运作，通过项目模块化教学将教学流程改成：款式图构思与设计→服装样板制作（包括手工或服装 CAD 进行样板制作、立体裁剪）→样衣缝制→模特儿试穿看效果→修改样板并重新缝制样衣→编制工艺制单（生产技术文件的编制）→生产准备→裁剪工艺→缝制工艺→验熨烫工艺→成品检验→整理包装与储运，以此更贴近企业工业化生产流程。经过同种形式的循环练习，不仅锻炼了学生动手能力，掌握了缝制技能及专业理论，而且有助于提高学生的分析、应变和解决实际问题的能力。同时培养了学生团队协作精神，增强学生适应企业需求的能力。

（6）通过实施项目模块化教学，推动教学改革。

项目化模块教学的引用可以帮助教师实施整体教学，推动教研教改及课程设置改革。项目活动的实行要求教师灵活掌握时间，仔细观察每个学生的学习进展及兴趣发展，掌握每个学生的特点，并相应提出或设计出既发展个性又注重全面平衡的教与学方案。

第二节　选手技能模块化训练

技能模块化训练的出发点在于用最短的时间和最有效的方法促使学生实际操作技能的

形成。为了最优化地达到模块的教学目标，在一个模块里应该根据可能安排不同的教学方式（如讲课、练习、实操训练、研讨会等）进行混合。就服装设计制作模块化教学而言，要涉及服装专业教学的所有授课教师，学校应该就模块的内容及组织共同商讨决定，通过协调完成整个模块化教学。针对全国职业院校技能大赛中职组服装设计制作竞赛项目，进行技能模块化训练是让选手快速提升应赛能力。本节内容主要针对全国中职组服装设计制作竞赛项目中的服装 CAD 制板技能模块训练。

1. **实训时间：3 小时**

2. **实训举例款式图**（图 7-1）

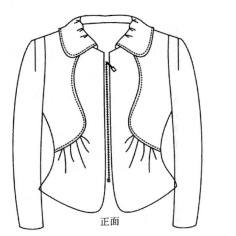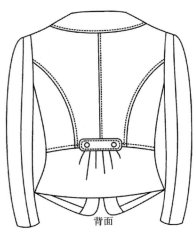

正面　　　　　　　　　　　　背面

图 7-1　实训举例款式图

3. **实训要求**

（1）根据实训举例款式造型，利用大赛指定的富怡服装 CAD 软件 V8 版本进行纸样设计。

（2）分别绘制出结构图、净样板、毛样板（已经加过缝份量的样板）、部件样板（里料样板、衬布样板等）、工艺样板（扣位样板、实样等）。

（3）样板设计要体现省量转换过程，省量分配合理，转省处理和衣身结构平衡合理。

（4）制图符号符合国家标准，对位记号标示准确。

（5）样板裁片名称、数量、成衣规格列表、工艺说明等书写准确。

（6）样板结构线条运用规范合理，条线顺畅。

（7）剪口、对位刀眼、对位记号标注清楚，符合工业生产要求。

（8）布纹线标注正确，缝份量加放符合工业生产要求。

（9）利用服装 CAD 进行放码，放码档差设计合理，各部位档差分配合理。

（10）利用服装 CAD 进行排料，排料图符合工业生产排料要求，且要达到省料的标准。

4. **实训操作建议**

在进行服装 CAD 款式实际操作训练前，建议中职学校先进行一个月左右的手工制板训练后，再进行服装 CAD 技能实际操作训练。在进行服装 CAD 实际操作训练时，首先针对富怡 CAD 软件 V8 版本的常用工具功能与操作训练一周，再进行一周文化式女装上衣新原型训练后；方可进行服装 CAD 样板设计训练。

5. 实际操作训练

（1）首先设置号型规格表（图 7-2）。

（2）利用富怡 CAD 软件绘制好文化式女装上衣新原型（图 7-3）。

（3）在女装上衣新原型基础上绘制样板结构图（图 7-4）。

（4）利用富怡 CAD 软件为样板加缝份（图 7-5）。

（5）利用富怡 CAD 软件将样板进行放码（图 7-6）。

（6）利用富怡 CAD 软件进排料（图 7-7）。

号型名	☑	☑S	⊙M	☑L	☑XL	☑
衣长		54.5	56	57.5	59	
肩宽		37	38	39	40	
领围		48	49	50	51	
胸围		88	92	96	100	
腰围		72	76	80	84	
摆围		84	88	92	96	
袖长		56.5	58	59.5	61	
袖肥		30.8	32.4	34	35.6	
袖口		25	26	27	28	

图 7-2 设置号型规格表

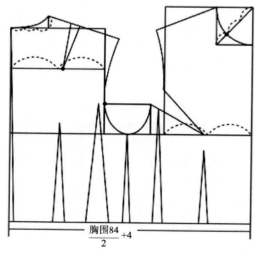
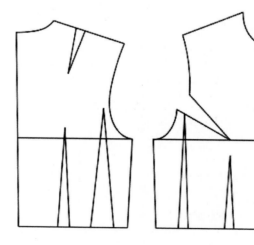

$$\frac{胸围84}{2}+4$$

图 7-3

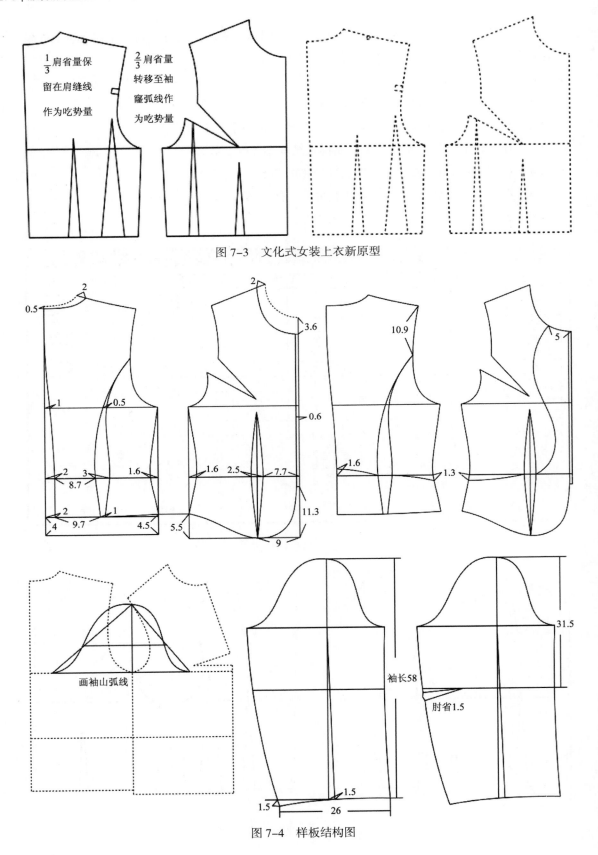

图7-3 文化式女装上衣新原型

图7-4 样板结构图

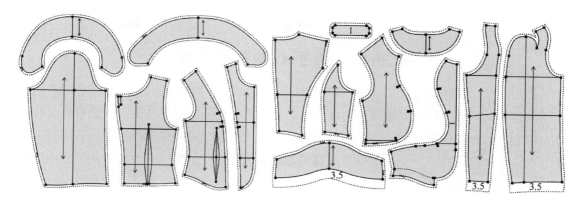

图 7-5　加缝份

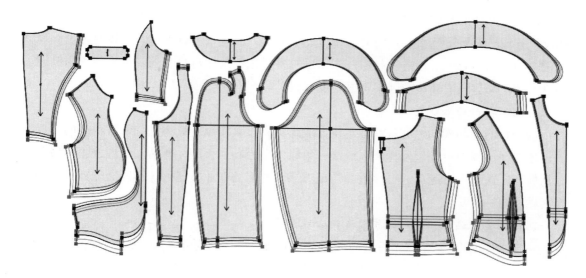

图 7-6　计算机放码

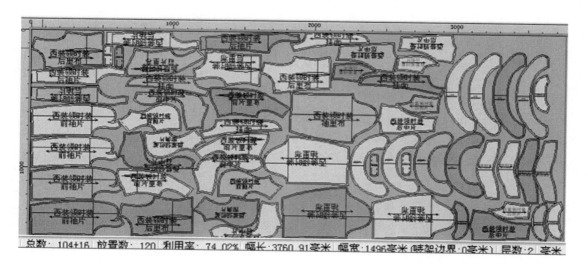

图 7-7　计算机排料

第三节　选手心理素质训练

技能竞赛不仅是技术的较量，而且还是心理素质的抗衡。竞赛选手不仅要有夯实的专业技能和良好的身体素质，还要有良好的心理素质。竞赛选手心理因素对比赛的影响较大。近几年，全国职业院校技能大赛中职组服装设计制作竞赛，好多选手在比赛和训练中的心理素质还有待提高。如何培养良好心理素质的选手也是各参赛院校的必须考虑的问题。

一、建立良好的应赛心理防御系统

建立良好的心理防御系统对维护个体心理健康有重要作用。对常见的心理应对与调节的反应方式、对备赛选手心理应对与调节的策略等方面进行分析探讨，对备赛选手心理健康教育、心理辅导、心理咨询与治疗工作以及备赛选手发挥自身心理防御机制的积极能动因素，转化和克服消极被动因素有重要现实意义。

1. 培养良好的心理素质

选手赛前的心理训练准备对创造优异成绩具有显著作用，只有充分做好赛前的心理准备，才能在比赛中更好地发挥个人潜能，争取比赛胜利。否则，赛前无心理准备容易造成混乱局面，这就不可避免地要导致失败的后果，赛前的专业技能训练期间必须插入一些心理素质训练。

2. 模拟竞赛训练，增加选手应赛的心理素质

在平时集训中，选手几乎没有心理和时间上的压力。学校可以每周采取一次模拟竞赛，让选手完全处于竞赛的状态。一些心理素质差的选手往往会出现不同程度的紧张，影响比赛正常发挥，模拟竞赛就是在赛前的训练中加入模拟竞赛练习，并在练习中让全校（全班级）所有服装专业学生一同参加竞赛，让备赛选手对模拟竞赛中所发生的问题做好充足的准备，经过反复练习使其心理得到适应，减少失误概率。

3. 多鼓励备赛选手，树立选手自信心训练

教师在训练备赛选手期间，要多鼓励、多表扬、多指导、多帮助、多关心备赛选手。在备赛训练中选手选择何种水平的成绩作为自己比赛目标，这在比赛中是一个很重要的问题。经常让备赛选手体验到训练的成功感，是增强备赛选手心理能量储备提高专业技能行之有效的方法。辅导教师要根据每位备赛选手的自身情况，制订合理的比赛目标，通过训练给选手树立一个必胜的信心。

4. 训练备赛选手拥有备挫的心态

笔者曾经亲眼目睹好多选手在看到自己没有赛出好的成绩时，伤心痛哭、绝食、身心崩溃等极端行为，从某种意义上讲大大地伤害了选手。这也是好多教师在辅导学生进行备赛的技能训练时，忽视了训练备赛选手如何用一颗平常的心态去面对挫折和失败。通常一

个人身处顺境时，是很难看到自身的不足和弱点。唯有当他遇到挫折和失败后，才会反省自身，弄清自己的弱点和不足，以及自己的理想、需要同现实的距离，这就为其克服自身的弱点和不足、调整自己的理想和需要提供了最基本的条件。

当选手没有赛出理想的水平，辅导教师不要责怪学生，这时要更加关心学生，要帮助学生认真分析参赛失败的原因，了解挫折产生的原因，以便在下一届赛前训练中，正确地采取应对的方法，帮助学生树立败不馁的备挫心态。让学生姿态高一些，眼光远一点，从长计议，不在一时一事上论长短。

二、赛前心理调适训练

每年7月份全国各地的选手经过长途跋涉赶到天津市。其实选手一到天津，从生理、心理上已经完全投入到比赛中，可有些选手由于心理准备不充分，赛前紧张，常常表现为情绪不稳定、过度紧张、生理过程变化异常、呼吸急促、心率加快、血压上升，失眠等，以上现象直接影响选手水平的正常发挥。这时必须给选手建立信心，不受外界干扰，注意力高度集中，更好地控制赛前心理，解除紧张情绪、加强心理调节。辅导教师可以带选手去竞赛场地适应场地和比赛气氛。

1. 明确比赛目的，端正比赛态度

赛前如果比赛目的不明确，缺乏应有的责任感，便会信心不足、斗志不强，遇到困难畏缩害怕，心神不安，比赛时便会紧张失常，技能不能充分发挥。选手只有明确比赛任务的深远意义，才会加强责任感。知己知彼，掌握客观情况，提高应变能力，发挥勇猛顽强的拼搏精神，才有可能战胜困难。

2. 过度紧张的预防

在面临比赛时，选手产生过度紧张的现象是多种多样的，这些选手本人是可以感觉到的，同时辅导教师也可以观察到。辅导教师集中选手讲解缓解赛场上情绪紧张的对策。

3. 赛前心理减压训练

辅导教师要分析和理清选手产生压力的诱发因素。找到了产生压力的根源后，就知道如何下手去解决问题，这样反而可以把压力变成正向的积极因素。其次，要帮助选手调整认知，启发引导他们看淡名次，要学会把参加大赛仅仅当成是一次比赛，甚至当成是平时的训练。辅导教师可以通过一些互动的游戏缓解选手的心理压力。最后，要让选手正视失败，虽然平时训练要有自信，但也得有正视失败的心理准备，当选手能平静地面对失败时，反而能够轻松上阵。

三、传授竞赛技巧，让选手拥有必胜的信心

辅导教师要集中参赛选手讲解一些竞赛技巧和方法。例如，要让选手不要一进考场就开始应赛。首先要看清竞赛项目的比赛规则、赛题要求，特别是服装CAD样板制作的竞赛，好多选手一看到比赛的款式，不加任何思考就开始运用服装CAD进行样板设计，是收省

还是转省分割处理更好。好多选手当样板制作一半时，发现自己的衣身平衡和省量没有处理好，又重新开始进行样板设计，结果因为时间来不及，而没有赛出好成绩。所以，在赛前辅导教师要集中参赛选手讲解一些应赛技巧，让选手拥有必胜的信心。

在全国性的专业竞赛中，心理训练作用越来越得到重视。只有尽快掌握心理训练的手段和方法，才能更好地发挥选手的潜能。同时，辅导教师在平时训练中要更多地了解选手的个性。形成一定的心理默契，为心理训练打下良好的基础。让选手掌握夯实的专业技能和保持良好的心理素质，是获得决赛好成绩的保障。

附录

附录 1 富怡服装 CAD 软件 V8 版本快捷键简介

设计与放码系统的键盘快捷键			
A	调整工具	B	相交等距线
C	圆规	D	等分规
E	橡皮擦	F	智能笔
G	移动	J	对接
K	对称	L	角度线
M	对称调整	N	合并调整
P	点	Q	等距线
R	比较长度	S	矩形
T	靠边	V	连角
W	剪刀	Z	各码对齐
F2	切换影子与纸样边线	F3	显示 / 隐藏两放码点间的长度
F4	显示所有号型 / 仅显示基码	F5	切换缝份线与纸样边线
F7	显示 / 隐藏缝份线	F9	匹配整段线 / 分段线
F10	显示 / 隐藏绘图纸张宽度	F11	匹配一个码 / 所有码
F12	工作区所有纸样放回纸样窗	Ctrl+F7	显示 / 隐藏缝份量
Ctrl+F10	一页里打印时显示页边框	Ctrl+F11	1 : 1 显示
Ctrl+F12	纸样窗所有纸样放入工作区	Ctrl+N	新建
Ctrl+O	打开	Ctrl+S	保存
Ctrl+A	另存为	Ctrl+C	复制纸样
Ctrl+V	粘贴纸样	Ctrl+D	删除纸样
Ctrl+G	清除纸样放码量	Ctrl+E	号型编辑
Ctrl+F	显示 / 隐藏放码点	Ctrl+K	显示 / 隐藏非放码点
Ctrl+J	颜色填充 / 不填充纸样	Ctrl+H	调整时显示 / 隐藏弦高线
Ctrl+R	重新生成布纹线	Ctrl+B	旋转
Ctrl+U	显示临时辅助线与掩藏的辅助线	Shift+C	剪断线
Shift+U	掩藏临时辅助线、部分辅助线	Shift+S	线调整 ↑*
Ctrl+Shift+Alt+G	删除全部基准线	ESC	取消当前操作
Shift	画线时，按住 Shift 键在曲线与折线间转换 / 转换结构线上的直线点与曲线点		
Enter 键	文字编辑的换行操作 / 更改当前选中的点的属性 / 弹出光标所在关键点移动对话框		
X 键	与各码对齐结合使用，放码量在 X 方向上对齐		
Y 键	与各码对齐结合使用，放码量在 Y 方向上对齐		
U 键	按下 U 键的同时，单击工作区的纸样可放回到纸样列表框中		

说明：

（1）按 Shift+U 键，当光标变成 ⚓◆ 后，单击或框选需要隐藏的辅助线即可隐藏。

（2）F11：用布纹线移动或延长布纹线时，匹配一个码／匹配所有码；用 T 移动 T 文字时，匹配一个码／所有码；用橡皮擦删除辅助线时，匹配一个码／所有码。

（3）***：当软件界面的右下角 [· □ 数字 cm] 有一个点时，匹配当前选中的码；当右下角 [·· □ 数字 cm ⟋] 有三个点显示时，匹配所有码。

（4）Z 键各码对齐操作：用 [🔲] 选择纸样控制点工具，选择一个点或一条线。按 Z 键，放码线就会按控制点或线对齐；连续按 Z 键，放码量会以该点在 XY 方向对齐、Y 方向对齐、X 方向对齐、恢复间循环。

（5）鼠标滑轮：在选中任何工具的情况下，向前滚动鼠标滑轮，工作区的纸样或结构线向下移动；向后滚动鼠标滑轮，工作区的纸样或结构线向上移动；单击鼠标滑轮为全屏显示。

按下 Shift 键时，向前滚动鼠标滑轮，工作区的纸样或结构线向右移动；向后滚动鼠标滑轮，工作区的纸样或结构线向左移动。

（6）键盘方向键：按上方向键，工作区的纸样或结构线向下移动；按下方向键，工作区的纸样或结构线向上移动；按左方向键，工作区的纸样或结构线向右移动；按右方向键，工作区的纸样或结构线向左移动。

（7）小键盘 +-：每按一次小键盘 + 键，工作区的纸样或结构线放大显示一定的比例；每按一次小键盘 - 键，工作区的纸样或结构线缩小显示一定的比例。

（8）空格键功能：在选中任何工具情况下，把光标放在纸样上，按一下空格键，即可变成移动纸样光标。在使用任何工具情况下，按下空格键（不弹起），光标转换成放大工具，此时向前滚动鼠标滑轮，工作区内容就以光标所在位置为中心放大显示；向后滚动鼠标滑轮，工作区内容就以光标所在位置为中心缩小显示；击右键为全屏显示。

（9）对话框不弹出的数据输入方法：

① 输一组数据：敲数字，按 Enter 键。例如，用智能笔画 30CM 的水平线，左键单击起点，切换在水平方向输入数据 30，按 Enter 键即可。

② 输两组数据：按第一组数字→ Enter 键→按第二组数字→ Enter 键。例如，用矩形工具画 24cm×60cm 的矩形，用矩形工具定起点后，输 20 →按 Enter 键→输 60 →按 Enter 键即可。

（10）表格对话框右击菜单：在表格对话框中的表格上单击右键可弹出菜单，选择菜单中的数据可提高输入效率。例如，在表格输 $1\frac{3}{8}$，操作方法，在表格中先输"1"再单

$\frac{1}{8}$

$\frac{1}{4}$

$\frac{3}{8}$

$$\frac{1}{2}$$
$$\frac{5}{8}$$
$$\frac{3}{4}$$

击右键 $\frac{7}{8}$ 选择 $\frac{3}{8}$ 即可。

排料系统的键盘快捷键			
Ctrl+A	另存	Ctrl+D	将工作区纸样全部放回到尺寸表中
Ctrl+I	纸样资料	Ctrl+M	定义唛架
Ctrl+N	新建	Ctrl+O	打开
Ctrl+S	保存	Ctrl+Z	后退
Ctrl+X	前进	Alt+1	主工具匣
Alt+2	唛架工具匣 1	Alt+3	唛架工具匣 2
Alt+4	纸样窗、尺码列表框	Alt+5	尺码列表框
Alt+0	状态条、状态栏主项	F5	刷新
空格键	工具切换（在纸样选择工具选中状态下，空格键为放大工具与纸样选择工具的切换；在其他工具选中状态下，空格键为该工具与纸样选择工具的切换）		
F3	重新按号型套数排列辅唛架上的样片		
F4	将选中样片的整套样片旋转 180°		
Delete	移除所选纸样		
双击	双击唛架上选中纸样，可将选中纸样放回到纸样窗内；双击尺码表中某一纸样，可将其放于唛架上		
8、2、4、6	可将唛架上选中纸样进行向上【8】、向下【2】、向左【4】、向右【6】方向滑动，直至碰到其他纸样		
5、7、9	可将唛架上选中纸样进行 90° 旋转【5】、垂直翻转【7】、水平翻转【9】		
1、3	可将唛架上选中纸样进行顺时针旋转【1】、逆时针旋转【3】		

说明：

（1）9 个数字键与键盘最左边的 9 个字母键相对应，有相同的功能，对应如下表。

1	2	3	4	5	6	7	8	9
Z	X	C	A	S	D	Q	W	E

（2）【8】&【W】、【2】&【X】、【4】&【A】、【6】&【D】键跟【Num Lock】键有关，当使用【Num Lock】键时，这几个键的移动是一步一步滑动的；不使用【Num Lock】键时，按这几个键，选中的样片将会直接移至唛架的最上、最下、最左、最右部分。

（3）↑↓←→：可将唛架上选中纸样向上移动【↑】、向下移动【↓】、向左移动【←】、向右移动【→】，移动一个步长，无论纸样是否碰到其他纸样。

附录2　富怡服装 CAD 软件 V8 增加功能及与 V8 操作快捷对照表

			V8 版本新增功能
设计	1	在不弹出对话框的情况下定尺寸	制作结构图时，可以直接输数据定尺寸，提高了工作效率
	2	就近定位	在线条不剪断的情况下，能就近定尺寸，如右图示：
	3	自动匹配线段等分点	在线上定位时能自动抓取线段等分点
	4	曲线与直线间的顺滑连接	一段线上部分直线部分曲线，连接处能顺滑对接，不会起尖角
	5	调整时可有弦高显示	CL=22.14cm H=2.26cm
	6	文件的安全恢复	V8 每一个文件都能设自动备份
	7	线条显示	线条能光滑显示
	8	右键菜单	右键菜单显示工具能自行设置
	9	圆角处理	能作不等距圆角
	10	曲线定长调整	在长度不变的情况下调整曲线的形状
	11	荷叶边	可直接生成荷叶边纸样
	12	自动生成衬、贴边	在纸样上能自动生成新的衬样、贴样
	13	缝迹线、绗缝线	V8 有缝迹线、绗缝线，并提供多种直线类型、曲线类型，可自由组合不同线型。绗缝线可以在单向线与交叉线间选择，夹角能自行设定
	14	缩水	在纸样上能局部加缩水
	15	剪口	在袖子和衣片上同时打剪口
	16	拾取内轮廓	可做镂空纸样
	17	线段长度	纸样的各线段长度可显示在纸样上
	18	纸样对称	关联对称，在调整纸样的一边时，对称的另一边也在关联调整
	19	激光模板	用于激光切割机切割样板，即可以按照样板外轮廓形状切割纸样
	20	角度基准线	在导入的手工纸样上作定位线
	21	播放演示	有播放演示工具的功能

续表

V8 版本新增功能			
手工纸样的导入		数码输入	通过数码相机把手工纸样变成计算机中的纸样
放码	1	自动判断正负	点放码表放码时，软件能自动判断各码放码量的正负
	2	边线与辅助线各码间平行放码	纸样边线及辅助线各码间可平行放码
	3	分组放码	V8 有分组放码功能，可在组间放码也可在组内放码
	4	文字放码	T 文字的内容在各码上显示可以不同，位置也能放码
	5	扣位、扣眼	放码时在各码上的数量可不同
	6	点随边线段放码	放码点可随线段按比例放码
	7	对应线长	根据档差之和放码
	8	档差标注	放码点的档差数据可显示在纸样上
改板	1	影子	改板时下方可以有影子显示，对纸样是否进行了修改一目了然。多次改板后纸样也能返回影子原形
	2	平行移动	调整纸样时可沿线平行调整
	3	不平行移动	调整纸样时可不平行调整
	4	放缩	可整体放缩纸样
	5	角度放码	放码时可保持各码角度一致
	6	省褶合并调整	在基码上或放码后的省褶上，能把省褶收起来查看并调整省褶底线的顺滑
	7	行走比拼	用一个纸样在另一个样上行走，并调整对接线圆顺情况
排料	1	超排	能避色差，捆绑，可在手工排料的基础上超排，也能排队超排
	2	绘图打印	能批量绘图打印
	3	虚位	对工作区选中纸样加虚位及整体加虚位
绘图	1	输出风格	有半刀切割的形式
	2	布纹线信息	网样或输出多个号型名称
	3	对称纸样	绘制对称纸样可以只绘一半

附录3 富怡服装CAD系统键盘快捷介绍

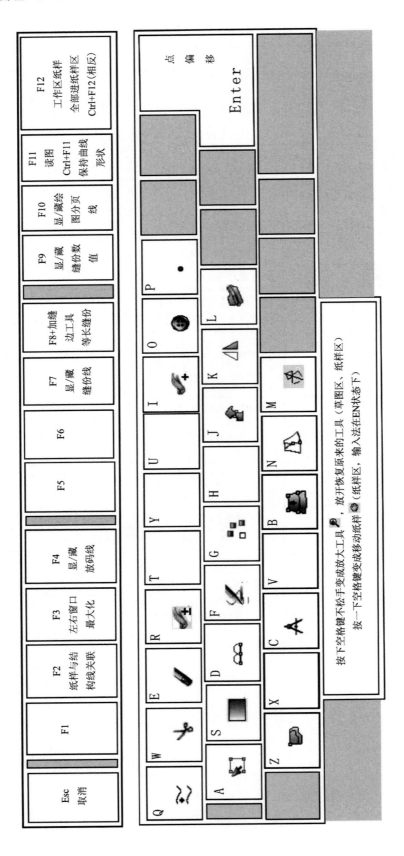

| Esc
取消 | F1 | F2
纸样与结
构线关联 | F3
左右窗口
最大化 | F4
显/藏
放码线 | F5 | F6 | F7
显/藏
缝份线 | F8+加缝
边工具
等长缝份 | F9
显/藏
缝份数值 | F10
显/藏绘
图分页线 | F11
读图
Ctrl+F11
保持曲线形状 | F12
工作区纸样
全部进纸样区
Ctrl+F12(相反) |

说明：

T：单项靠边　H：双向靠边　V：连角　← ↑ → ↓：用于上下左右移动工作区

Ctrl+2　線上加两等距点　小键盘 +-：随着光标所在位置，[+]放大显示 / [-]缩小显示。

修改工具：在自由设计法中按Ctrl键，左键框选可同步移动所选部位，右击某点可对该点进行偏移。

按下空格键不松手变成放大工具，放开恢复原来的工具（草图区、纸样区）

按一下空格键变成移动纸样（纸样区、输入法在EN状态下）

后记

    在教材的编写过程中，作者力求做到"工学结合"。教材的内容力求取之于"工"，用之于"学"。既吸纳本专业领域的最新技术，坚持理论联系实际、深入浅出的编写风格，并以大量的实例介绍了工业纸样的应用原理、方法与技巧。如果本书对服装职业的教学有所帮助，那我将不胜谢意。同时更希望这本书能成为服装职业的教学体制改革道路上的一块探路石，以引出更多更好服装教学方法，来共同推动中国服装职业教育的发展。

    本书出版后，作者将继续编著以后的服装教材，欢迎广大读者朋友提出宝贵的建议或意见。可以用电子邮件的形式发给作者。

    作者长期从事高级服装设计和板型的研究工作，积累了丰富的实践操作经验。为了做好服装教材研究与辅导工作，作者特创立了中国服装网络学院（网址：www.cfzds.org），读者在操作过程中，有疑问可以通过中国服装网络学院向陈老师求助。中国服装网络学院不定期增加新款教学视频。另外，中心备有 1：1 工业标注纸样均可邮寄。欢迎广大服装爱好者与我们一起探讨服装板型技术。

E-mail：fzsj168@163.com

电话：0755-26650090　18926547881

作　者

2013年2月

书目：<u>服装生产技术</u>

书　　名	作　　者	定价(元)
【现代服装工业制板技术】		
经典男装工业制板	吴清萍	39.00
经典女装工业制板	吴清萍	36.00
经典童装工业制板	吴清萍	36.00
【时装厂纸样师讲座】		
内衣三维创样及电脑工业制板	熊晓燕　陈丽明　熊晓光	36.00
新概念女装纸样法样板设计	吴厚林	35.00
服装结构原理与原型工业制板	刘建智	29.80
针织服装结构原理与制图	谢丽钻	34.00
服装斜裁技术	庹　武	32.00
童装纸样设计	马　芳　侯东昱	35.00
男装精确打板推板	袁　良	28.00
品牌女装结构设计原理与制板	刘玉宝　刘玉红	38.00
服装创意结构设计与制板	向　东	32.00
女装精确打板推板（上册）	袁　良	32.00
女装精确打板推板（下册）	袁　良	32.00
服装纸样放码	李秀英　杨雪梅	22.00
童装精确打板推板	袁　良　倪　杰	28.00
女上装结构设计：经典款式实例详解	童晓谭	32.00
服装立体裁剪技术	戴建国	29.80
时装设计快速学	袁　良	38.00
【职业装设计与制作丛书】		
酒店制服设计与制作	崔荣荣	28.00
办公室套装设计与制作	张竞琼　张　兵　陈　萍	29.80
职业装款式与制作	崔荣荣	29.80
【制板与缝制工艺】		
童装结构设计	柴丽芳	28.00
女装结构设计与应用	吴　俊	32.00
服装制图技术	王海亮　唐　建	28.00
中国毛缝裁剪法（第二版）	赵全富　赵现龙	45.00
男裤工业技术手册	刘胜军	46.00
香港高级女装技术教程	袁　良	28.00
西服工业化量体定制技术	王树林	38.00
工业化成衣结构原理与制板——女装篇	杨新华　李　丰	32.00
易学实用服装裁剪	郑广厚	26.00
易学实用女下装纸样设计	杨　树	26.00
内衣结构设计教程	印建荣	36.00
意大利立体裁剪	尤　珈	38.00
服装工业制板推板原理和技术	周邦祯	24.00
服装结构原理与制板推板技术（第三版）	魏雪晶	36.00
服装企业板房实务	张宏仁	26.00
男装童装结构设计与应用	吴　俊	29.80

书目: 服装生产技术

书　名	作　者	定价(元)
男装制作工艺	丁学华	38.00
服装制图与推板技术(第三版)(附盘)	王海亮	35.00
成衣缝制工艺与管理	陆　鑫	45.00
精做高级服装——男装篇(附盘)	张　志	28.00
服装立体裁剪	张文斌	28.00
西服加工实战技法	王树林	38.00
男西服技术手册	〔日〕杉山	38.00
男装裁剪与缝制技术	刘琏君	35.00
高档男装结构设计制图	周邦桢	32.00
服装结构设计与技法	吕学海	26.00
服装制作工艺教程	王秀彦	32.00
服装纸样计算机辅助设计	张鸿志	36.00

【牛仔服装技术】

书　名	作　者	定价(元)
牛仔布和牛仔服装实用手册	梅自强	25.00
牛仔服装的设计加工与后整理	香港理工	40.00

【纺织服装跟单】

书　名	作　者	定价(元)
服装跟单:设计、定型与生产	周铁肩　朱海燕	28.00
成衣跟单	吴　俊	33.00
成衣跟单实务(附盘)	冯　麟	34.00
染整印花跟单	吴　俊　刘　庆	28.00

【行业标准及其他】

书　名	作　者	定价(元)
电脑绣花花样设计系统应用教程	张志刚	38.00
实现设计——服装造型工艺	周少华著	48.00
中国服装辅料大全(第二版)	孔繁慧　姬生力	48.00
服装衬布与应用技术大全	王树林	36.00
中国标准鞋楦设计手册	温州鹿艺 鞋材有限 公司	46.00
服装舒适性与产品开发	香港理工	30.00
服装CAD应用手册(第二版)(附盘)	徐帏红	38.00
出口服装质量与检验	李爱娟	23.00

【其他】

书　名	作　者	定价(元)
服装CAD实用制版技术 格柏篇	张　辉　郭瑞良　金　宁	39.80
智能服装CAD基础与应用	戴　耕　贺宪亭	34.00
箱包CAD应用教程	童晓谭	32.00
女装CAD工业制板(基础篇)	陈桂林	38.00
女装CAD工业制板(实战篇)	陈桂林	36.00
服装CAD项目实战引导	邢旭佳	29.80
男装CAD工业制版(附光盘1张)	陈桂林	38.00

注 若本书目中的价格与成书价格不同,则以成书价格为准。中国纺织出版社图书营销中心 销售电话:(010)67004422 。或登录我们的网站查询最新书目:
中国纺织出版社网址:www.c－textilep.com